《21世纪新能源丛书 》编委会

"十二五"国家重点图书出版规划项目

21世纪新能源丛书

新概念太阳电池

彭英才　傅广生　编著

科学出版社

北　京

内 容 简 介

新概念太阳电池是运用新思路设计,利用新材料构建和采用新技术制作的"高效率、低成本、长寿命和无毒性"的新一代光伏器件,是现代光伏技术发展中的一个活跃前沿。本书系统地介绍了各类新概念太阳电池的工作原理、光伏性能、制作方法及研究进展。这些太阳电池主要包括Ⅲ-Ⅴ族化合物叠层太阳电池、量子阱太阳电池、纳米结构太阳电池、量子点中间带太阳电池、量子点激子太阳电池、热载流子太阳电池以及表面等离子增强太阳电池等。

本书可供从事新能源、光伏与光电子技术领域研究与开发的科技工作者参考和阅读,同时也可作为高等学校理工科相关专业的教师、研究生与高年级本科生的参考用书。

图书在版编目(CIP)数据

新概念太阳电池/彭英才,傅广生编著. —北京:科学出版社,2014.2
(21世纪新能源丛书)

"十二五"国家重点图书出版规划项目
ISBN 978-7-03-039673-0

Ⅰ. ①新… Ⅱ. ①彭… ②傅… Ⅲ. ①太阳能电池 Ⅳ. ①TM914.4

中国版本图书馆 CIP 数据核字 (2014) 第 019018 号

责任编辑:刘凤娟/责任校对:宋玲玲
责任印制:徐晓晨/封面设计:陈 敬

科 学 出 版 社 出版
北京东黄城根北街 16 号
邮政编码:100717
http://www.sciencep.com

北京建宏印刷有限公司 印刷
科学出版社发行 各地新华书店经销
*

2014 年 2 月第 一 版 开本:720 × 1000 1/16
2019 年 1 月第四次印刷 印张:12 1/2
字数:234 000

定价:89.00 元
(如有印装质量问题,我社负责调换)

《21 世纪新能源丛书》序

物质、能量和信息是现代社会赖以存在的三大支柱。很难想象没有能源的世界是什么样子。每一次能源领域的重大变革都带来人类生产、生活方式的革命性变化，甚至影响着世界政治和意识形态的格局。当前，我们又处在能源生产和消费方式发生革命的时代。

从人类利用能源和动力发展的历史看，古代人类几乎完全依靠可再生能源，人工或简单机械已经能够适应农耕社会的需要。近代以来，蒸汽机的发明唤起了第一次工业革命，而能源则是以煤为主的化石能源。这之后，又出现了电和电网，从小规模的发电技术到大规模的电网，支撑了与大工业生产相适应的大规模能源使用。石油、天然气在内燃机、柴油机中的广泛使用，奠定了现代交通基础，也把另一个重要的化石能源引入了人类社会；燃气轮机的技术进步使飞机突破声障，进入了超声速航行的时代，进而开始了航空航天的新纪元。这些能源的利用和能源技术的发展，进一步适应了高度集中生产的需要。

但是化石能源的过度使用，将造成严重环境污染，而且化石能源资源终将枯竭。这就严重地威胁着人类的生存和发展，人类必然再一次使用以可再生能源为主的新能源。这预示着人类必将再次步入可再生能源时代 —— 一个与过去完全不同的建立在当代高新技术基础上创新发展起来的崭新可再生能源时代。一方面，要满足大规模集中使用的需求；另一方面，由于可再生能源的特点，同时为了提高能源利用率，还必须大力发展分布式能源系统。这种能源系统使用的是多种新能源，采用高效、洁净的动力装置，用微电网和智能电网连接。这个时代，按照里夫金《第三次工业革命》的说法，是分布式利用可再生能源的时代，它把能源技术与信息技术紧密结合，甚至可以通过一条管道来同时输送一次能源、电能和各种信息网络。

为了反映我国新能源领域的最高科研水平及最新研究成果，为我国能源科学技术的发展和人才培养提供必要的资源支撑，中国工程热物理学会联合科学出版社共同策划出版了这套《21 世纪新能源丛书》。丛书邀请了一批工作在新能源科研一线的专家及学者，为读者展现国内外相关科研方向的最高水平，并力求在太阳能热利用、光伏、风能、氢能、海洋能、地热、生物质能和核能等新能源领域，反映我国当前的科研成果、产业成就及国家相关政策，展望我国新能源领域未来发展的趋势。本丛书可以为我国在新能源领域从事科研、教学和学习的学者、教师、研究生提供实用系统的参考资料，也可为从事新能源相关行业的企业管理者和技术人员提供有益的帮助。

中国科学院院士

2013 年 6 月

前　　言

　　进入 21 世纪以来，作为未来清洁能源的太阳能光伏技术，在全世界范围内引起了前所未有的关注。关于各种结构类型的太阳电池，围绕着如何提高能量转换效率和降低生产制造成本的问题，人们一直在进行着不懈的努力。虽然太阳电池的光伏性能不断得以改善，但是光伏技术的发展历史已经证明，任何一种单结太阳电池效率大幅度提升的空间已十分有限。

　　为了突破目前光伏技术的这一发展瓶颈，必须另辟新径。最近，人们提出了一种具有超高转换效率的光伏器件，即新概念太阳电池。这是一种运用新思路设计，利用新材料构建和采用新技术制作的"高效率、低成本、长寿命、高可靠性和无毒性"的第三代太阳电池，是一种近乎理想的"环保、绿色、高效"光伏器件。理论研究指出，这些新概念太阳电池在最大聚光条件下的转换效率可高达 60% 以上。

　　为了及时向读者介绍新概念电池的光伏特性与研究进展，作者尝试性地编写了本书。全书共 10 章。第 1 章在简要介绍太阳电池的发展历程之后，提出开发新概念太阳电池的必要性与可行性；第 2 章是纳米量子结构的制备技术，介绍一些用于各种新概念太阳电池制作的纳米结构光伏材料的形成方法；第 3 章是太阳电池的物理基础，讨论几种常规太阳电池的光伏原理与能量损失机制；第 4 章是 III-V 族化合物叠层太阳电池，主要介绍它们的工作原理、结构组态和影响转换效率的各种因素，并评述几种主要叠层太阳电池的研究进展；第 5 章是量子阱太阳电池，简要介绍其光伏原理、光电流密度、转换效率、量子阱中的载流子逃逸现象以及几种典型量子阱太阳电池的光伏性能；第 6 章在简要介绍纳米结构材料的光伏性质后，用适当篇幅评述各类纳米结构太阳电池 (如 Si 纳米薄膜太阳电池、Si 纳米线太阳电池、碳纳米管太阳电池、纳米 TiO_2 结构染料敏化太阳电池与量子点敏化太阳电池) 的研究进展；第 7 章是量子点中间带太阳电池，主要讨论中间带太阳电池的工作原理与光伏性能、量子点中间带太阳电池的构建与实现以及提高量子点中间带太阳电池转换效率的技术对策；第 8 章是量子点激子太阳电池，主要阐述量子点中多激子产生的物理过程和量子点激子太阳电池的理论转换效率，并以 PbSe 量子点为主讨论各种量子点中多激子产生的量子产额以及某些研究进展；第 9 章是热载流子太阳电池，简要介绍光生载流子的热化弛豫和变冷收集过程、热载流子太阳电池的理论效率以及影响转换效率的各种因素，最后对热光伏太阳电池进行扼要介绍；第 10 章是表面等离子增强太阳电池，主要介绍薄膜太阳电池中的表面等离子增强效应，然后评述几种典型表面等离子太阳电池的光伏特性。

　　新概念太阳电池的构想与研发属于具有一定探索性和前瞻性的现代光伏科学前沿，是一门融合半导体技术、新材料技术、新能源技术、光电子技术和纳米技术为一体的知识密集型高新科技。由于作者水平所限，书中不足之处在所难免，望广大读者不吝赐教，并恳请指正。

编著者

2012 年 12 月

目　　录

第 1 章　绪　　论

1947 年，美国贝尔实验室的三位科学家 (J. Bardeen，W. Shockley 和 W. Brattain) 共同发明了晶体管，开辟了半导体科学技术发展的新纪元。在过去的半个多世纪中，作为现代信息科学技术的基础和先导，半导体与微电子技术的发展获得了巨大成功，从根本上改变了人们的社会生活面貌。

时隔 6 年之后的 1954 年，同是美国贝尔实验室的另外三位科学家 (D. Chapin，C. Fuller 和 G. Pearson) 一起研制成功了世界上首例 pn 结单晶 Si 太阳电池，开辟了人类利用太阳能的光伏技术新时代[1]。可以预期，作为未来清洁能源的太阳能光伏技术，随着全球气候的变暖、环境污染的加剧和能源需求的短缺，也将会在 21 世纪更好地造福于人类。

现代光伏技术是一个广泛涉及半导体技术、新材料技术、新能源技术、光电子技术和光电化学技术的综合性多门类学科。如果从更新换代的角度划分太阳电池的发展历程，它大体经历了三代，即第一代的晶体太阳电池、第二代的薄膜太阳电池和目前人们正在进行探索的第三代新概念太阳电池。下面，我们将沿着这样一条脉络，简要回顾一下太阳电池的发展历程。

1.1　第一代太阳电池 —— 晶体太阳电池

属于第一代的晶体太阳电池，主要包括单晶 Si 太阳电池、多晶 Si 太阳电池和化合物单晶 GaAs 太阳电池，其中单晶 Si 和多晶 Si 太阳电池代表了当今光伏产业发展的主流方向。20 世纪 60 年代初期，在空间能源需求的推动下，单晶 Si 太阳电池的效率提高很快，达到了 15%。到了 70~80 年代，为了进一步改善太阳电池的光伏性能，人们开展了优化电池结构的研究，使单晶 Si 太阳电池的效率提高到了 17% 以上，此时的 GaAs 太阳电池效率也超过了 22%。进入 90 年代以后，人们又在优化电池结构的基础上，进一步采用各种新的工艺制作技术，并将二者有机地结合起来，使单晶 Si 太阳电池的效率突破了 20%。在这一领域中，澳大利亚新南威尔士大学 (UNSW)Green 教授领导的小组进行了卓有成效的研究。他们采用双面钝化技术、表面织构技术和统筹优化技术，使单晶 Si 太阳电池的效率达到了 25%，并一直在全世界保持着领先地位[2]。

20 世纪 90 年代以前，单晶 Si 太阳电池一直在太阳能光伏产业中占据着主导地位。但是，由于它的制作成本比较高，与常规电力相比缺乏竞争力，因此如何进一步降低生产成本是它所面临的一个严峻挑战。此时，铸造多晶 Si 的研制成功，使多晶 Si 太阳电池开始登场，并在短时间内获得了快速发展。1998 年，UNSW 小组的研究人员采用蜂窝状绒面结构，以有效增加太阳电池的光吸收，使其效率达到了 19.9%。到 21 世纪初，铸造多晶 Si 太阳电池的效率达到了 20.3%。在实际生产中，铸造多晶 Si 太阳电池的效率也达到了 17.7%，此值很接近于直拉单晶 Si 太阳电池的光电转换效率。

1.2 第二代太阳电池 —— 薄膜太阳电池

毫无疑问，晶体太阳电池的优势是具有相对较高的转换效率。然而，无论是制作单晶 Si 太阳电池，还是制作多晶 Si 太阳电池，都要消耗大量的 Si 材料，因而使其制作成本也相对较高。所以，如何在提高效率的基础上又能保持比较低的制作成本，是光伏技术和产业需要解决的一个重大课题。这启示人们设想，如果能在廉价的玻璃、不锈钢和塑料等衬底表面上沉积各种薄膜光伏材料，以具有几个微米的薄膜作为光吸收有源区，并制作出具有高效率和高稳定性的薄膜太阳电池，无疑可使制作成本大幅度降低。这就是第二代薄膜太阳电池得以迅速发展的关键所在。

依据太阳电池的光伏原理，薄膜太阳电池大体可以分为两大类，即无机固态 pn 结太阳电池和光电化学太阳电池。前者又可分为 Si 基薄膜太阳电池、III-V 族化合物薄膜太阳电池、$Cu(In、Ga)Se_2$ 薄膜太阳电池和 CdTe 薄膜太阳电池；后者主要包括染料敏化太阳电池和有机聚合物太阳电池。

Si 基薄膜太阳电池是目前薄膜太阳电池发展的主流，它主要包括氢化非晶 Si(a-Si:H) 薄膜太阳电池、氢化微晶 Si(μc-Si:H) 薄膜太阳电池和多晶 Si(pc-Si) 薄膜太阳电池。经过 30 多年的艰苦探索，人们从薄膜制备、电池结构和测试分析等方面做了大量实验研究，使这些太阳电池的光伏特性得以明显改善。其中，10cm×10cm 电池的效率达到了 10.6%。此外，pc-Si 薄膜太阳电池的效率也已超过了 10%。

$Cu(In、Ga)Se_2$ 和 CdTe 太阳电池在薄膜太阳电池的发展中占有举足轻重的地位。从 1995 年开始，美国国家可再生能源实验室 (NREL) 开始进行 $Cu(In、Ga)Se_2$ 太阳电池的研究。到 2005 年，他们将电池效率提高到了 20%，大面积电池组件的效率达到了 13%。CdTe 太阳电池早在 1959 年就被人们所研究，到 20 世纪 70 年代末和 80 年代初，电池效率达到了 10%以上。进入 20 世纪 90 年代以后，CdTe 薄膜太阳电池的效率获得了一个较大幅度的提高，其中 CdTe/CdS 异质结电池效率达到了 15.8%。2001 年，NREL 通过进一步改进透明导电薄膜和窗口材料的光吸收特性，使其转换效率提高到了 16.5%以上[3]。

与 pn 结太阳电池所不同，光电化学太阳电池是利用光伏材料中的光电化学过程实现能量转换的光伏器件。1991 年，瑞士洛桑联邦高等工业学院的 Grätzel 教授率先报道了以 TiO_2 纳米晶体作为光阳极的新型染料敏化太阳电池，使光电转换效率超过了 10%[4]。其后，人们在光阳极、电解质和染料敏化剂等方面作了很多改进，使太阳电池的效率得到了进一步提高。聚合物太阳电池因具有制作成本低、工艺简单、重量轻以及适宜制作柔性可折叠太阳电池等优点，引起了人们的广泛关注。但是，这种太阳电池的光谱响应范围与太阳光谱不匹配，载流子迁移率不高，因此目前所开发的光伏器件转换效率普遍较低，仅有 5%~8%。图 1.1 给出了各类薄膜太阳电池的转换效率随年代的变化趋势。

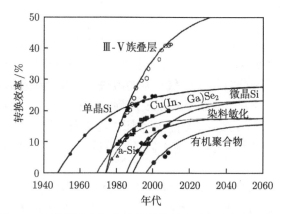

图 1.1　各类薄膜太阳电池的转换效率随年代的变化趋势

1.3　第三代太阳电池 —— 新概念太阳电池

如前所述，所谓第三代光伏器件就是人们所期盼的高效率新概念太阳电池。那么，究竟什么是新概念太阳电池？为什么要研究和开发新概念太阳电池？新概念太阳电池采用哪些光伏材料和何种结构形式进行设计与构建？新概念太阳电池能否最终实现？下面，我们尝试性地回答这些问题。

首先，揭示新概念太阳电池所蕴藏的科学内涵。简言之，新概念太阳电池就是运用新思路进行设计，采用新材料进行构建，利用新工艺进行制作的 "高效率、低成本、长寿命、无毒性和高可靠性" 的新一代光伏器件，是一种近乎理想的 "绿色、环保和高效" 太阳电池。新思路应具有原始的知识创新，新材料应能呈现出优异的光伏性质，新技术应具备精巧的加工手段。也就是说，新概念太阳电池的设计、构建与制作，是在充分借鉴现有光伏技术经验的基础上出现的集介观物理、光学物理、化学物理、低维结构、纳米材料、微电子技术、光电子技术和超精细加工技术为一体的知识密集型现代高新技术[5]。

其次，分析新概念太阳电池开发的原动力。大家知道，太阳辐射光谱是一个从 $0.35\mu m$ 到 $2.4\mu m$ 的较宽能量光谱范围。但令人遗憾的是，迄今为止的各种单结太阳电池只能吸收某一波长的太阳光，而其他大部分波长范围的光子能量却不能被有效利用。例如，对现有各种太阳电池的光谱响应特性分析证实，几乎有很少太阳电池的短波吸收限能接近 $0.35\mu m$ 的蓝紫光，这部分未能利用的光子能量损失约为 5%；在可见光部分，能量大于太阳电池有源区带隙能量的光子 ($h\nu > E_g$)，将价带中的电子激发并使之跃迁到远高于导带底的能量位置上，形成具有高能量的光生电子与空穴，而后它们又将通过热化弛豫过程以释放声子的形式回落到导带底，因此这部分热化的光子能量也被白白地浪费掉了，而且这部分光子能量的损失是相当可观的；此外，地球表面上有 50%的红外辐射光，现有的各种光伏材料均无法对此进行有效利用，而正在开发之中的窄带隙光伏材料又因存在质量差和转换效率低等问题，也使这部分红外光子能量得不到充分利用。因此，人们逐渐意识到这样一个问题：单纯依靠传统光伏技术的改进，很难突破使太阳电池转换效率大幅度提高和制作成本进一步降低的发展瓶颈。关于这一点，我们也可以从图 1.1 中清楚地看出，除了III-V族化合物叠层太阳电池以外，目前各类太阳电池效率提升的空间已经十分有限[6]。这就迫使人们必须另觅新径，以开辟光伏技术发展的新局面。

在过去近 60 年的光伏技术发展实践中，人们逐渐达成了一个广泛的共识：为了大幅度地提高太阳电池的转换效率，应该最大限度地扩展太阳电池对太阳光辐射能量的波长吸收范围，并使其得到合理而充分地利用，这将是未来第三代太阳电池所肩负的历史重任，而各种新概念太阳电池将会成为第三代太阳电池的自然候选者。

关于新概念太阳电池的结构类型，主要包括多结叠层太阳电池、量子阱太阳电池、量子点太阳电池、各种纳米结构太阳电池、热载流子太阳电池、表面等离子增强太阳电池、光子晶体太阳电池以及热光伏太阳电池等。在上述各种新概念太阳电池中，除了多结叠层太阳电池以外，其他太阳电池均处于初期探索阶段。作者认为，未来最有可能捷足先登的是量子点太阳电池，其物理依据主要有以下两点。① 作为一种新的光伏材料，量子点结构具有许多新颖物理性质。例如，利用量子点阵列作为中间带材料可以制作量子点中间带太阳电池，以使红外光子能量得到充分利用；利用量子点具有的多激子产生能力可以制作量子点激子太阳电池，以使可见光子能量得到有效利用；利用不同尺寸量子点所呈现的量子限制效应和带隙可调谐特性可以制作量子点串联太阳电池，从而使蓝紫光能量得到合理利用。最近的各种研究结果已经表明，在全聚光条件下，上述几种量子点太阳电池的理论效率都在 60%以上，这是现有的各种单结太阳电池所不能企及的[7−9]。表 1.1 汇总了各种量子点太阳电池的工作原理与预期的理论效率。② 量子点太阳电池能得以发展的另一个有利条件是, 目前各种量子点的自组织生长工艺逐渐趋于成熟, 各种量子点光电子器件 (如量子点激光器和量子点光探测器) 已经研制成功, 它们将会为未来量子点太阳电池的设计与制作提供有益的借鉴经验。

表 1.1　各种量子点太阳电池的光伏原理与理论效率

结构组态	物理效应	吸收光子能量	工作原理	理论效率
量子点中间带太阳电池	能量上转换效应	红外光, 可见光		63%
量子点激子太阳电池	多激子产生效应	蓝紫光, 可见光		66%
量子点串联太阳电池	量子限制效应	蓝紫光, 可见光	E_g	75%(4 层)
热载流子太阳电池	能量下转换效应	蓝紫光, 可见光		80%

目前, 新概念太阳电池的研究与开发尚处于初期探索的萌芽阶段, 实现真正意义上的新概念太阳电池任重而道远, 并且不会是一帆风顺的。但是, 现代科学技术的发展历史证明, 人类对未知世界的探知是没有穷尽的, 而且也从来没有停止过。人们有理由相信, 随着新思路的不断成熟、新材料的不断涌现以及新技术的不断开拓, 新一代超高效率太阳电池一定会展示在人类面前, 并由此引发一场新的清洁能源革命。

为了使读者对目前正在发展的现代光伏器件, 尤其是对各种新概念太阳电池有一个清晰的认识与了解, 现将以更新换代形式发展的各类光伏器件汇总于图 1.2 中, 以供参考。

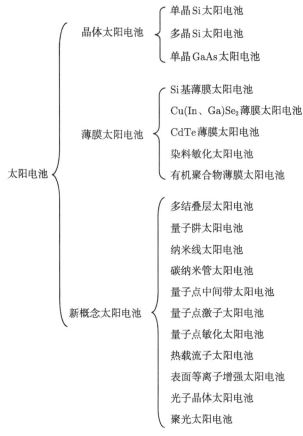

图 1.2 更新换代发展的各类现代光伏器件[10−17]

参 考 文 献

[1] Chapin D M, Fuller C S, Pearson G L. J. Appl. Phys., 1954, 8:676

[2] Zhao J, Wang A, Altermatt P, et al. Photovolt: Res. Appl., 1999, 7:471

[3] Wu X. J. Appl. Phys., 2001, 89:4564

[4] Oregan B, Grätzel M. Nature, 1991, 353:373

[5] 彭英才, 于威, 等. 纳米太阳电池技术. 北京: 化学工业出版社, 2010

[6] 熊绍珍, 朱美芳. 太阳能电池基础与应用. 北京: 科学出版社, 2009

[7] 彭英才, 傅广生. 材料研究学报, 2009, 23:449

[8] 彭英才, 江子荣, 王峰, 等. 微纳电子技术, 2011, 48:481

[9] 太野恒健. 应用物理, 2010, 79:417

[10] Henry C H. J. Appl. Phys., 1980, 51:4494

[11] Alemu A, Coaguira J A H, Freundlich A. J. Appl. Phys., 2006, 99:084506

[12] Kim S K, Cho C H, Kim B H, et al. Appl. Phys. Lett., 2009, 95:143120

[13] Luque A, Marti A. Phys. Rev. Lett., 1997, 78:5014

[14] Schaller R D, Klimov V L. Phys. Rev. Lett., 2004, 92:186601

[15] Fan S Q, Fang B, Kim J H, et al.Appl. Phys. Lett., 2010, 96:063501

[16] Takeda Y. Ito T, Motohiro T, et al. J. Appl. Phys., 2009, 105:074905

[17] Atwater H A, Polman A. Nature materials, 2010, 9:205

第2章 纳米量子结构光伏材料的制备技术

高效率新概念太阳电池的构建与实现直接依赖于各种性能优异的纳米量子结构光伏材料。例如，利用 AlGaAs/GaAs、GaInP/GaAs 和 GaInP/GaAs/Ge III-V 族化合物体系可以制作高效率叠层太阳电池；采用 AlGaAs/GaAs、InGaAs/GaAs、GaAsP/InP 和 InGaN/GaN 材料生长的应变量子阱结构，并基于它们所具有的带隙可调谐能力，可以制作具有较宽波长吸收范围的应变量子阱太阳电池；基于 PbSe、PbS 和 Si 量子点所呈现的多激子产生效应，可以构想和设计量子点激子太阳电池；利用 InAs/GaAs 和 InAs/GaNAs 量子点所具有的中间带性质，并基于能量上转换原理，可以制作高效率的量子点中间带太阳电池；Si 纳米线和碳纳米管阵列具有大的总表面积和低反射率特性，以它们作为光吸收有源区，可以制作一维纳米结构太阳电池；CdS 和 CdSe 纳米晶粒具有带隙较宽和消光系数大等物理性质，可用于量子点敏化太阳电池的制作。

纳米量子结构光伏材料的制备方法是多种多样的。例如，固体表面上的量子点可以采用物理自组织方法进行生长，胶体纳米晶粒可以利用化学自组装方法进行合成，应变量子阱结构可以采用超薄层外延生长技术制备。本章将主要介绍一些典型纳米量子结构的制备方法、工艺原理、生长动力学与热力学过程。

2.1 量子点的物理自组织生长

2.1.1 InAs 量子点

GaAs 衬底表面上的 InAs 量子点是由应变驱动进行生长的。由于 InAs 的晶格常数 (6.05Å) 大于 GaAs 的晶格常数 (5.653Å)，以至于在 GaAs 表面上 InAs 的外延生长将会产生应变积累。在动力学生长过程中，有两种能量会发生相互竞争，一种是应变能，另一种是表面能。图 2.1 给出了 InAs 量子点的生长模式。在生长开始前，应变能为零，但表面能不为零，In 和 As 原子从气相输运到衬底表面，并在表面发生迁移。InAs 的沉积由二维层状生长所支配，并形成 InGaAs 浸润层。在浸润层生长过程中，表面能保持不变，但应变能积累会随着浸润层的变厚而增加。当浸润层达到一个临界厚度时，应变能将起支配作用，同时 InAs 将由二维层状生长变为三维岛状生长。随着三维岛的形成，通过增加表面积而使应变发生弛豫，这就是人们熟知的 S-K 生长模式。InAs 岛的成核过程与 In 在 GaAs 表面的沉积、迁移、蒸发和键合有关, 而它又受到衬底温度、生长速率、In 流量和表面晶格常数的影响[1-2]。

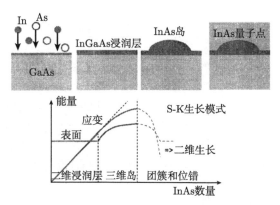

图 2.1 GaAs 表面上 InAs 量子点的 S-K 生长模式

2.1.2 InSb 量子点

Deguffroy 等[3] 采用分子束外延 (MBE) 生长技术, 在 GaSb(100) 面衬底上自组织生长了 InSb 量子点。在温度为 450°C 和生长速率为 0.33 单分子层/秒的条件下, 获得了密度为 $2 \times 10^9 \text{cm}^{-2}$ 的 InSb 量子点。这种量子点的自组织生长基于 S-K 模式, 发生从二维向三维转变的临界层厚度为 1.7 个单分子层。InSb 量子点的整个形成过程是一个由应变弛豫、表面成核、横向生长以及由二维向三维转变的连续演化过程组成的过程。

2.1.3 叠层 InAs 量子点

叠层量子点在量子点中间带太池电池和量子点串联太阳电池中具有重要应用。对于 InAs/GaAs 量子点而言, 当用衬底材料 GaAs 将应变自组织生长的 InAs 量子点埋藏起来时, InN 岛将在 GaAs 覆盖层中产生非均匀分布的张应力场。在这种应力调制的表面上生长 InAs 量子点时, In 原子将优先迁移到张应力区并成核, 因为在那里它们所受到的应变作用最小。这样, 上层量子点就与下层量子点形成了垂直对准关系, 这就是所谓的垂直对准叠层量子点。在这种情形中, 上层量子点的密度由下层量子点所决定, 而且点的横向有序性也得到了改善。

上层和下层量子点除了可以形成垂直对准生长外, 还可以通过改变间隔层的厚度与组分形成斜对准关系。例如, 当在 InP(001) 衬底上生长 InAs 叠层量子点时, 随着间隔层 $In_{0.52}(Al_xGa_{1-x})_{0.48}As$ 中 Al 组分数 x 的增加, InAs 叠层量子点将逐步从对准生长变成斜对准生长, 这是因为在高温下外延生长 $In_xAl_{1-x}(x=0.5)$ 合金, 比较容易发生富 In 区和富 Al 区交替出现的组分调制现象。图 2.2(a) 和 (b)

分别给出了在 InP 衬底上以 $In_{0.53}Ga_{0.47}As$ 和 $In_{0.53}Al_{0.1}Ga_{0.37}As$ 为间隔层生长叠层 InAs 量子点的透射电子显微镜 (TEM) 照片[4]。

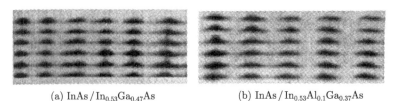

(a) $InAs/In_{0.53}Ga_{0.47}As$ (b) $InAs/In_{0.53}Al_{0.1}Ga_{0.37}As$

图 2.2　InP(001) 衬底上生长 InAs 叠层量子点的 TEM 照片

2.2　纳米晶粒的化学自组装合成

2.2.1　化学自组装的基本原理

人工纳米结构的自组装是,按照人为的意志利用物理或化学方法将纳米尺度的物质单元进行组装,并使其排列成零维体系的纳米量子点。自组装体系是指通过弱的和较小方向的共价键 (如氢键、范德瓦耳斯键和弱离子键),协同有序地将原子、离子或分子连接在一起,从而构筑成一个纳米结构。整个自组装过程不是一个由大量原子、离子或分子之间弱相互作用力组成的简单叠加过程,而是一个整体和复杂的协同相互作用。一般认为,纳米结构体系的自组装形成需要具备两个重要条件:一是要有足够数量的非共价键或氢键的存在,因为这些键之间的结合力很弱,因此易于构筑成一个相对稳定的纳米结构体系;二是自组装体系应有较低的能量,否则很难形成一个稳定的自组装体系。

胶体具有很好的自组装特性,而纳米团簇又很容易在溶剂中分散形成胶体溶液,因此只要具备适当的工艺条件,就可以很方便地将纳米团簇组装起来形成有规则的排布。此外,如果将纳米团簇溶解于适当的有机溶剂中,还可以组装成纳米团簇超晶格结构。在这一自组装过程中,应满足以下几个基本条件:硬球排斥、相同的粒径和粒子之间应存在范德瓦耳斯力。下面简要简介 PbSe、CdSe 和 CdTe 纳米晶粒的自组装合成。

2.2.2　PbSe 纳米晶粒

研究指出,PbSe 纳米晶粒具有良好的多激子产生能力,是用于未来的量子点激子太阳电池制作的首选光伏材料。Law 等[5] 采用胶体自组装方法合成了具有均匀分布的 PbSe 纳米晶粒。其具体制备步骤是:首先将 0.22g 的 PbO 溶于由 0.73g 的铅氯化物和 10g 的十八烯 (ODE) 组成的混合物中,并在 150°C 温度下使其形成清洁的溶液;接着,将由 1mL 的三辛基氧膦 (TOP)-Se 和 28mg 的二苯基膦 (DPP) 组成的 3mL 混合物,在 180°C 温度下快速注入溶液中;然后,再将温度降低到

150~160°C 的范围内，其目的是通过控制温度的变化而合成具有不同尺寸的 PbSe 纳米晶粒；最后，用 10mL 的正乙烷将反应物进行稀释固化和提纯，这样就可以获得具有均匀分布的 PbSe 纳米晶粒。图 2.3(a) 和 (b) 是分别利用化学自组装方法合成的 PbSe 纳米晶粒的 TEM 照片和在 Si 衬底上形成的 PbSe 纳米薄膜的扫描电子显微镜 (SEM) 照片。

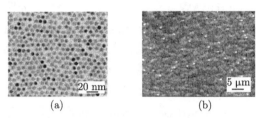

(a)   (b)

图 2.3   自组装合成的 PbSe 纳米晶粒的 TEM 照片 (a) 和 Si 衬底上形成
的 PbSe 纳米薄膜的 SEM 照片 (b)

2.2.3 CdSe 纳米晶粒

CdSe 是一种典型的 II-VI 族化合物半导体，具有较宽的禁带宽度和较大的消光系数，使其在量子点敏化太阳电池中具有潜在应用。利用在化学溶液中的胶体自组装方法，可以合成有序排列的 CdSe 纳米晶粒。Murray 等[6] 将包敷 TOP 的 CdSe 纳米团簇，在一定压力和温度下使其溶解于辛烷和辛醇的混合溶液中，然后降低压力使沸点较低的辛烷逐渐挥发。此时，由于包敷 TOP 的 CdSe 纳米团簇在辛醇中的溶解度较小，从而可使纳米团簇的胶态晶体从溶液中析出。此外，Li 等[7] 采用 CdO 作为前驱体合成了 CdSe 纳米晶粒，具体方法是：将 CdO、硬质酸溶液和温度为 200°C 的十八烷在气态下进行混合，当冷却到室温后，添加十八烷胺 (ODA)，然后将该混合物加热到 280°C，接着注入 1mL 的 Se- 三辛基膦溶液；该反应在 250°C 下进行 30min，而后再冷却到室温，这样便会形成所预期的 CdSe 纳米晶粒；最后，再利用洁净的分离漏斗将 CdSe 纳米晶粒进行分离并析出。

2.2.4 CdTe 纳米晶粒

CdTe 是另一种重要的光伏材料，已在 CdTe 薄膜太阳电池中获得了成功应用。采用弥散在聚合物多乙基噻吩 (P3HT) 中的 CdTe 纳米晶粒，已制作了开路电压为 0.8V 的太阳电池[8]；具体制备方法是：首先将 50mg 的 P3HT 溶解在 10mL 的氯苯中，然后再加入 0.2mL 的乙酸镉二氢化物，在 160°C 的温度中将该反应混合物加热 2h；此后，将 0.4mL 的 Te 前驱物加入到 TOP 中，并在流动气体和 160°C 温度下加热 2h；而后再将处理过的 Te 前驱物注入 P3HT-Cd 溶液中，并使所产生的橘黄色反应物在 Ar 气氛和 160°C 的温度中加热 2h；这样，当溶液再冷却到室温后，便会有 CdTe 纳米晶粒形成。

2.3　Si 基纳米结构的等离子体化学气相沉积生长

2.3.1　纳米晶 Si 薄膜的直接沉积生长

氢化纳米晶 Si(nc-Si:H) 薄膜具有良好的光吸收特性、光照稳定性与多激子产生能力,可用于 nc-Si:H/a-Si:H 结构太阳电池和量子点激子太阳电池的制作。作为 nc-Si:H 薄膜的制备方法,目前主要是采用等离子体化学气相沉积 (PECVD) 方法进行直接成核生长,所使用的源气体主要是采用高 H_2 稀释的 SiH_4 气体。因为只有将 SiH_4 气体用 H_2 稀释得到一定百分比 (如 1%~2%) 之后,才能形成具有一定晶粒尺寸和晶态百分比的 nc-Si:H 膜,否则将会形成 a-Si:H 薄膜。这意味着 H_2 在 nc-Si:H 膜的生长中起着十分关键的作用。

关于 H_2 稀释导致薄膜从 a-Si:H 向 nc-Si:H 转变的物理机制,可以由以下三种模型进行解释[9]。第一种是表面扩散模型,如图 2.4(a) 所示。该模型认为,从高 H_2 稀释的等离子体中输运到衬底表面的 H 原子饱和薄膜表面的悬挂键,同时释放掉一部分能量,这两种作用使得从等离子体中到达生长表面的粒子扩散系数增加。具有较大扩散系数的粒子和离子,容易在沉积表面找到能量较低的位置,所以在 H_2 稀释条件下易于形成 nc-Si:H 薄膜。第二种是刻蚀模型,如图 2.4(b) 所示。该模型指出,到达生长表面的 H 原子将 Si—Si 键打断,并将此 Si 原子从生长表面刻蚀掉。因为 H 原子很容易将一部分弱 Si—Si 键打断,而弱 Si—Si 键通常是在非晶相中,所以在整个沉积过程中,所有 H 原子均能将非晶相刻蚀掉。与此同时,新到达生长表面的含 Si 粒子和离子在生长表面形成稳定的非晶相结构。由于晶相结构稳定,表面 Si—Si 键为较强的键结构,从而使生长表面易于形成晶粒和界面,这就是 H_2 刻蚀形成 nc-Si:H 薄膜的主要原因。第三种则是所谓的化学退火模型,如图 2.4(c) 所示。这个模型是利用逐层沉积方法,在每一层沉积后用等离子体将所沉积的材料进行处理。通过调整 H_2 等离子体的处理时间和每层的沉积时间,可以形成预期的 nc-Si:H 薄膜。在 H_2 等离子体处理过程中,其薄膜厚度没有明显的减薄现

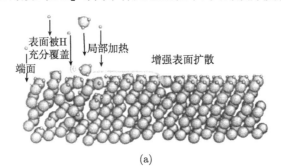

(a)

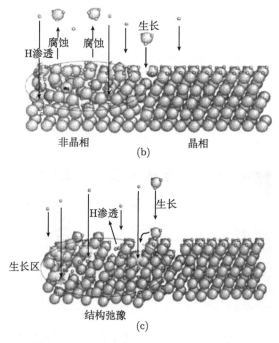

图 2.4 nc-Si:H 薄膜形成的三种生长模型

象。原子状 H 进入薄膜的次原子层，进而由这些次原子层的 H 使非晶相转化为晶态结构。

2.3.2 多层 Si 量子点的退火限制晶化生长

半导体量子点具有显著的量子尺寸效应，其主要物理性质体现是量子化能级的出现、带隙的宽化和发光谱峰的蓝移。就太阳电池而言，这意味着通过改变量子点的尺寸可以对其禁带宽度进行合理调控，对太阳电池转换效率的大幅度提高是十分有利的。量子点串联太阳电池或量子点超晶格 (QDSL) 太阳电池就是基于这种物理思考而提出的。作为积层量子点的生长方法是：首先，在固体表面上利用 PECVD 方法沉积一层具有确定厚度 (3nm) 的宽带隙介电薄膜 (如 SiO_2、Si_3N_4 或 SiC) 作为势垒层；然后，在其上再沉积一层具有所需厚度的 a-Si:H 层，以此作为势阱层。这两种薄膜交替生长，就可以获得所需层厚和层数的 a-Si:H/a-SiO_2、a-Si:H/a-Si_3N_4 或 a-Si:H/a-SiC 多层异质结构。为了获得多层 Si 量子点异质结构，需要在一定温度下对该多层异质结进行退火处理。此时，a-Si:H 薄膜可以发生所预期的限制晶化，进而使 a-Si:H 层形成 Si 量子点。由于每层 a-Si:H 层厚度不同，限制晶化后每层 Si 量子点的尺寸也会不同，其最大尺寸由处于两个势垒层中 a-Si:H 的厚度所决定。图 2.5(a) 给出了 Si-QDSL 的生长模式[10]。2002 年，Zacharias 等[11]

率先利用 Si/SiO$_2$ 超晶格的相分离和热晶化技术，成功制备了晶粒尺寸一致和密度分布均匀的 Si 纳米晶粒，并在红外与近红外区域获得了强光致发光。图 2.5(b) 给出了在 SiO$_2$ 中生长多层 Si 量子点的 TEM 照片。2005 年，Green 等[12] 采用磁控溅射和退火晶化方法制备了 Si-QD/SiO$_2$ 超晶格结构太阳电池。2008 年，Rezgui 等[13] 采用 PECVD 工艺和退火晶化的方法制备了 Si-QD/Si$_3$N$_4$ 超晶格太阳电池。与此同时，Kurokawa 等[14] 制备了 Si-QD/SiC 超晶格太阳电池，其开路电压达到了 0.518V。

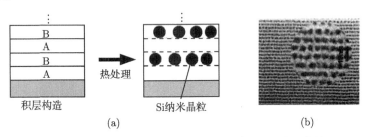

图 2.5　Si-QDSL 的生长模式 (a) 和在 SiO$_2$ 中生长多层 Si 量子点的 TEM 照片 (b)

2.4　准一维纳米结构的生长与合成

2.4.1　Si 纳米线的金属催化生长

1. 金属催化气–液–固生长

　　Si 纳米线是一种典型的准一维纳米结构，由于它们具有大的总表面积和低的反射率特点，可望在未来的纳米结构太阳电池制作中获得应用。利用气–液–固 (VLS) 方法可以生长具有一定直径和长度的 Si 纳米线，具体步骤是：首先在 Si(111) 衬底上蒸镀一层厚度为 10nm 的 Au 膜，在石英管中将其加热到 900°C，这时会在 Si 表面上形成一层 Si-Au 合金熔体；由于液体表面张力的作用，薄层熔体分裂成具有一定直径的 Si-Au 合金小球，这就是生长 Si 纳米线的催化剂；此时，向石英管中通入 H$_2$ 和 SiH$_4$(或 SiCl$_4$) 的混合气体，被还原了的 Si 原子蒸气便溶解在 Si-Au 液相合金小球中。这是由于 Si 原子蒸气直接沉积在晶体表面上需要较大的激活能，从而由气相转变为液相。由于液相表面较粗糙，能够有效地吸附 Si 原子蒸气，而且发生相变所需的激活能也相对较低；当 Si-Au 液滴合金中的 Si 含量达到饱和状态时，Si 就在固–液界面上沉积下来形成结晶；随着 Si 原子沉积数量的不断增加，Si-Au 液滴合金也从原来的 Si 衬底表面上升到须状 Si 单晶的顶端；由于固–液界面能是各向异性的，从而限制了 Si 原子只在 (111) 面上沿单一方向生长，进而开始生长出须状单晶；随着源气体的不断供给和生长时间的继续增加，须状单晶逐渐变成具有一定直径形状和长度的 Si 纳米线。图 2.6(a) 和 (b) 是在不同工艺条件下由气–液–固法生长的 Si 纳米线 TEM 照片[15]。

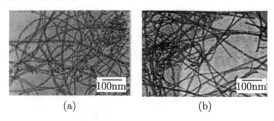

图 2.6 不同条件下采用气–液–固法生长的 Si 纳米线 TEM 照片

2. 金属催化固–液–固生长

除了气–液–固法之外，采用固–液–固 (SLS) 法也可以实现 Si 纳米线的合成。在这种情形中，预先在 Si 衬底表面沉积一层约厚 10nm 的金属薄膜 (Au、Ni 或 Fe)，然后在氮气保护下进行热处理；随着温度的升高，金属催化粒子开始向 Si 衬底中扩散，并在界面形成 Au-Si 合金；当温度达到二者的共熔点时，合金开始熔化并形成合金液滴，此时将有更多的 Si 原子扩散到这些合金液滴中去；当 N_2 通入到反应室时，液滴表面温度会迅速降低，将导致 Si 原子从合金的表面分离和析出；其后，在退火温度为 1000°C 的条件下，便可以实现可控 Si 纳米线的生长。SLS 与 VLS 生长机制的主要不同点是：前者是以单晶 Si 衬底作为参与 Si 纳米线生长的 Si 原子来源，而且在形成的纳米线顶部没有 Au-Si 合金；而后者一般是由气态 Si 源的热分解提供参与反应的 Si 原子，同时所合成的 Si 纳米线顶部有 Au-Si 合金的存在[16]。

2.4.2 碳纳米管的自取向生长

碳纳米管是另一种准一维纳米结构材料，它所具有的良好光吸收特性和电子输运性质，使其在纳米结构太阳电池中占有一席之地。碳纳米管的制备方法有电弧放电法、激光蒸发沉积法、模板合成法和化学气相沉积 (CVD) 法等。在上述各种方法中，CVD 法易于制备出较长和有着良好取向的多壁碳纳米管 (MWNT) 和单壁碳纳米管 (SWNT)。

利用碳氢化合物在金属催化剂 (Fe、Ni 或 Co) 上的 CVD 生长，是制备各种碳纤维和碳纳米管的经典方法，其生长温度通常为 500~1000°C。CVD 过程中，第一步是过渡金属催化剂颗粒吸附和分解碳氢化合物的分子，碳原子扩散到催化剂内部后形成金属–碳的固溶体；接着，碳原子从过饱和的催化剂颗粒中析出，最终形成具有一定取向和长度的碳纳米管。图 2.7 给出了碳纳米管的 CVD 生长模式[17]。

但是许多研究指出，采用碳氢化合物的 CVD 方法容易形成有缺陷的碳纳米管材料。因此，人们开发了采用甲烷 (CH_4) 作为碳源的 CVD 方法，以此生长出了近乎完美的 SWNT。这是由于 CH_4 在高温下非常稳定，没有明显的自热解效应。这种良好的温度稳定性能够有效防止因催化剂中毒而包覆碳纳米管,从而形成无定型纳米管结构。当以 CH$_4$ 作为碳源时,一般采用承载于大表面积氧化铝之上的氯化铁纳米颗粒作为催化剂,其生长温度为 850~1000℃,以克服在形成小直径(<5nm)SWNT 时高应变能的产生,从而获得几乎没有缺陷的管状结构。

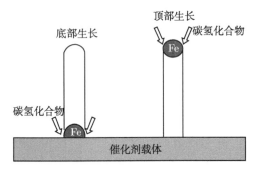

图 2.7　单壁碳纳米管的 CVD 生长模式示意图

迄今的研究证实,为了制备出性能优异的碳纳米管,用于合成 SWNT 的良好催化材料必须有较强的金属-载体相互作用,具备大的表面积和孔洞体积,并能在高温下保持这些特征而不致被烧结。这是因为催化剂-衬底之间的较强相互作用,可以防止催化剂颗粒在高温 CVD 中发生团聚,而碳纳米管在多孔材料上的生长速率较快,适于合成高质量碳纳米管序列。

2.4.3　TiO$_2$ 纳米线网络的定向吸附生长

Adachi 等[18] 基于定向吸附原理在水溶液中利用球状 TiO$_2$ 纳米粒子合成了单晶 TiO$_2$ 纳米线网络结构,图 2.8(a) 是采用该方法制备的 TiO$_2$ 纳米线网络的TEM 照片。这些网络是由 5~15nm 的纳米线构成的,而且 TiO$_2$ 纳米线具有很高的结晶质量,这可以从图 2.8(b) 的选区电子衍射 (SAED) 图形中的 Debey-Sherrer衍射环看出。而图 2.8(c) 则给出了该 TiO$_2$ 纳米线网络的高分辨率 TEM(HRTEM)照片。大部分聚集的粒子形成了具有单晶结构的线形状,几乎看不到隔离的粒子出

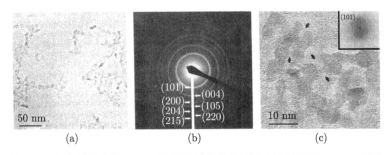

图 2.8　定向吸附生长 TiO$_2$ 纳米线网络的选区电子衍射环与 TEM 照片

现。这些线是由直径为 2~5nm 的凝聚粒子组成的，而且这些凝聚粒子的取向也是完全一致的。该图中的晶格像直接与 TiO_2 纳米线的晶体生长相关，其生长晶向主要以 $\langle 101 \rangle$ 晶向为主。实现定向吸附生长的温度应低于 373K，而通常的生长温度一般为 433~523K。

2.5 应变量子阱的分子束外延生长

2.5.1 晶格匹配 $Al_xGa_{1-x}As/GaAs$ 量子阱的生长

半导体量子阱所具有的灵活带隙可调能力，可以使其作为有源区而制作高效率量子阱太阳电池。$Al_xGa_{1-x}As/GaAs$ 是迄今研究的最为成熟的材料体系，这是由于 $Al_xGa_{1-x}As$ 三元合金与 GaAs 单晶具有良好的晶格匹配性，易于生长高质量的超晶格与量子阱材料。MBE 和金属有机化学气相沉积 (MOCVD) 具有单原子平滑程度的异质外延生长能力，各种异质结、超晶格和量子阱材料均可利用二者进行生长制备。

采用 MBE 工艺生长 $Al_xGa_{1-x}As/GaAs$ 量子阱结构的具体过程如下[19] 所述。首先，将表面被钝化的 GaAs(001) 面衬底装在钼托上后立即进入进样室内，在预除气室加热到 480°C 并预抽真空 2h 后，将该钼托置入生长室中，并使之固定在衬底加热器上；打开 As 源炉前的挡板，并在保持 As 分子束流的平衡压强前提下将衬底加热到 850°C，使衬底表面的氧化层脱离衬底，以获得清洁的外延生长表面，但这样的表面完整性并不好，因此为了获得高质量的材料，先生长一层厚度为几百个纳米的 GaAs 缓冲层，这样可以降低外延层的生长位错和缺陷密度；当 GaAs 缓冲层生长结束后，开始生长量子阱结构。主要步骤是：首先生长一层 100nm 的 $Al_xGa_{1-x}As$ 势垒层，接着生长 1~10nm 的 GaAs 势阱层，再生长 100nm 的 $Al_xGa_{1-x}As$ 势垒层，最后生长 10nm 左右的 GaAs 覆盖层，以防止 $Al_xGa_{1-x}As$ 层在空气中被氧化，这样就获得了一个 $Al_xGa_{1-x}As/GaAs$ 单量子阱样品。如果使 GaAs 层和 $Al_xGa_{1-x}As$ 层反复交替生长，就可以获得多量子阱结构。通过调整生长时间，可以获得具有不同势阱层厚度和势垒层厚度的 $Al_xGa_{1-x}As/GaAs$ 量子阱。如果调整组分数 x，就可以改变 $Al_xGa_{1-x}As$ 势垒层的禁带宽度，即可以调控量子阱结构的带边失调值 ΔE_C 或 ΔE_V。

2.5.2 晶格失配量子阱结构的生长

异质结的带边失调值决定了量子阱结构的许多物理性质。虽然选择晶格匹配材料体系可以获得无缺陷和无应力的界面，但它却限制了材料的选择范围，因为大部分材料具有各不相同的晶格常数，因而所生长的量子阱界面是应变的。然而，如果外延材料与衬底材料之间的晶格失配度不是过大 (小于 9%)，只要外延层足够薄,即未超过产生失配位错的临界厚度,那么失配应力总可以被界面处均匀的晶格弹性应变来调整,而不会在界面处产生失配位错。为了实现弹性应变,当外延层的晶格常数小于衬底晶格常数时,它在平行于生长方向上受到伸张应力,而沿生长方向则受到压缩应力。由此可见,应变量子阱具有更宽的材料选择范围,典型的材料体系有 InGaAs/GaAs、GaAsP/GaAs 和 InAlAs/InGaAs/InP 等。图 2.9 是几种常见半导体材料的禁带宽度与晶格常数的关系[20]。

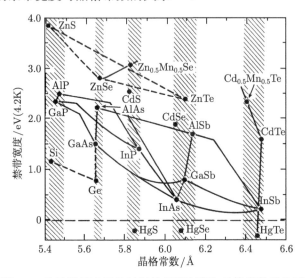

图 2.9   几种常见半导体材料的禁带宽度与晶格常数的关系

2.6   纳米晶粒/聚合物复合结构的制备与合成

2.6.1   CdSe 纳米晶粒/聚合物复合结构

由纳米晶粒/聚合物复合结构制作的太阳电池,由于充分利用了纳米晶粒和聚合物的光伏性质,因而可以获得较高的转换效率。Zhou 等[21]采用球形 CdSe 纳米晶粒和共轭聚合物 P3HT 复合结构制作了 CdSe/P3HT 太阳电池。其具体方法是:先将直径为 5.5nm 的 CdSe 纳米晶粒在乙醇中进行清洗处理,然后用离心机将其分离弥散到浓度大约为 15mg/mL 的无水二氯苯 (DCB) 中;在无水 DCB 中的 CdSe 纳米晶粒和 P3HT(纯度大于 98.5%) 的溶液以各种比例进行混合,然后将其旋涂到多乙基烯二醇噻吩 (PEDQTA):多苯乙烯碳酸盐 (PSS) 层的表面上,其厚度为 80~100nm;最后,在其上真空蒸发一层厚度为 112.5nm 和面积为 0.08cm² 的 Al 膜,以此作为金属电极。图 2.10(a) 和 (b) 分别给出了弥散在 DCB 中 CdSe 纳米晶粒的 TEM 照片和 CdSe/P3HT 复合物的分子结构。

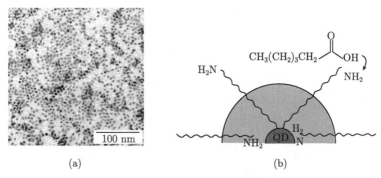

(a) (b)

图 2.10 弥散在 DCB 中 CdSe 纳米晶粒的 TEM 照片 (a) 和 CdSe/P3HT
复合物的分子结构 (b)

而 Seo 等[22] 采用 CdSe 纳米晶粒和 P3HT 复合物制作了 ITO/PEDOT:PSS/
P3HT:CdSe-tBOC/Al 太阳电池。其具体制作步骤是：首先将 30nm 厚的 PEDOT:
PSS 旋涂到 ITO 的顶部，并在 120°C 温度中烘焙 30min，其后的器件制作程序在
一个流动的 N₂ 气氛中进行；一个 10nm 的 P3HT: CdSe-tBOC(质量百分比为 1:9)
被旋涂到 PEDOT:PSS 层上，然后热处理 10min；最后，采用电子束蒸发面积为
0.0425cm² 的 Al 电极，并在 150°C 温度的 N₂ 气氛中对该器件进行后退火处理。
图 2.11(a) 和 (b) 分别是利用该方法合成的 CdSe 纳米晶粒的 TEM 照片和包敷
CdSe 纳米晶粒的复合结构。

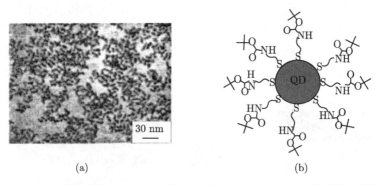

(a) (b)

图 2.11 CdSe 纳米晶粒的 TEM 照片 (a) 和包敷 CdSe 纳米晶粒的复合结构 (b)

2.6.2 TiO₂ 纳米晶粒/聚合物复合结构

Huisman 等[23] 采用 TiO₂ 纳米晶粒和多辛基噻吩 (P3OT) 合成了 TiO₂/P3OT
复合结构，并以此为有源区制作了异质结太阳电池。图 2.12 给出了合成 TiO₂ 纳米
晶粒的实验装置。它是由一个稀释 TiO₂ 前驱溶液的工业喷雾器，通过搅拌使溶液
形成小的液滴。作为前驱物，采用由乙烯醇稀释的四异丙氧化合物 (TTIP)，温度

被保持在 40°C。形成的乙烯醇溶液沿着一个充有 Ar 载气的石英管流动，在末端使其通过一个加热炉，炉内的温度由一个热电锅进行测量。在加热炉之前，通入流动的氧气。这样，当 TiO_2 前驱物的液滴在通过加热器时，便被裂解成为 TiO_2 纳米粒子，并随即沉积在一个水平放置的逆转衬底上。在大多数情形中，衬底表面上已事先由喷射方法形成一层坚实的 TiO_2 薄膜。

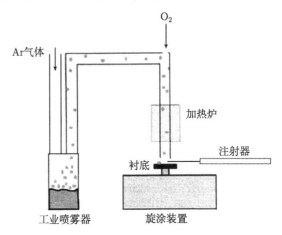

图 2.12   化学合成 TiO_2 纳米晶粒的实验装置

Ju 等[24] 采用 TiO_2/PbS 纳米粒子复合物制作了三维结构太阳电池。图 2.13(a) 和 (b) 分别给出了该光伏器件结构和高分辩率扫描电子显微镜 (HRSEM) 照片。在该器件结构中，PbS 纳米粒子 (PbS NP) 为 P 型掺杂，而 TiO_2 纳米粒子 (TiO_2 NP) 为 n 型掺杂。层厚为 100nm 的平面 TiO_2，在玻璃衬底上由自旋涂敷工艺制作。为了改善其导电特性，需将平面 TiO_2 和 TiO_2 纳米粒子在 450°C 中烧结 20min。

图 2.13 TiO_2/PbS 量子点光伏器件结构 (a) 和 HRSEM 照片 (b)

参 考 文 献

[1]   徐叙瑢, 苏勉增. 发光学与发光材料. 北京: 化学工业出版社, 2004

[2]   王占国, 陈涌海, 叶小玲, 等. 纳米半导体技术. 北京: 化学工业出版社, 2006

[3]   Deguffroy N, Tasco V, Baranov A N, et al. J. Appl. Phys., 2007, 101:124309

[4]   Li H, Race T D, Hasan M A. Appl. Phys. Lett., 2002, 80:1367

[5]   Law M, Luther J M, Song Q, et al. J. Am. Chem. Soc., 2008, 130:5794

[6]   Murray C B, Kagan C R, Bawendi M G. Science, 1995, 270:1335

[7]   Li J J, Wang A, Guo W, et al. J. Am. Chem. Soc., 2003, 125:12567

[8]   Khan M T, Kaur A, Dhawan S K, et al. J. Appl. Phys., 2011, 110:044509

[9]   熊绍珍, 朱美芳. 太阳能电池基础与应用. 北京: 科学出版社, 2009

[10]   小长井诚, 山口真史, 近藤道雄. 太阳电池基础与应用. 东京: 培风馆, 2010

[11]   Zachrias M, Heitmann J, Scholz R, et al. Appl. Phys. Lett., 2002, 80:661

[12]   Green M A, Cho E C, Huang Y, et al. Proceeding of the 20th European Photovoltaic
       Solar Energy Conference, in Barcelona, Spain, 2005

[13]   Rezgui B, Nychyporuk T, Sibai A, et al. Proceeding of the 23th European Photovoltaic
       Soalr Energy Conference, in Valencia, Spain, 2008

[14]   Kurokawa Y, Miyajima S, Yamada A, et al. Jpn. J. Appl. Phys., 2006, 45:L1064

[15]   唐元洪. 硅纳米线及硅纳米管. 北京: 化学工业出版社, 2006

[16]   彭英才, 范志东, 白振华, 等. 物理学报, 2010, 59:1169

[17]   朱静, 等. 纳米材料和器件. 北京: 清华大学出版社, 2003

[18]   Li S S. Semiconductor Physics Electronics (2nd Edition). 北京: 科学出版社, 2008

[19]   黄和鸾, 郭丽伟. 半导体超晶格. 沈阳: 辽宁大学出版社, 1992

[20]   榊裕之. 超晶格异质结构器件. 东京: 工业调查会, 1988

[21]   Zhou Y, Riehle F S, Yuan Y, et al. Appl. Phys. Lett., 2010, 96:013304

[22]   Seo J, Kim W J, Kim S J, et al. Appl. Phys. Lett., 2009, 94:133302

[23]   Huisman C L, Goossens A, Schoonman J. Synthetic Materials, 2003, 138:237

[24]   Ju T, Graham R L, Zhai G, et al. Appl. Phys. Lett., 2010, 97:043106

第3章 太阳电池的光伏原理

太阳电池是一种利用光生伏特效应将光能转换成电能的光伏器件,大体可以分为两类,即无机固态 pn 结太阳电池和有机光电化学太阳电池。前者的工作原理是基于 pn 结的光生伏特效应,而后者的光伏原理则是基于化学电解质中的光电化学过程。

表征太阳电池光伏性能的主要物理参数是能量转换效率或功率转换效率 (转换效率)。转换效率的高低是由半导体材料的物理性质、器件结构的组态形式以及光照作用下的载流子输运过程等多种因素共同决定的,如材料的禁带宽度、掺杂浓度、缺陷态密度、少数载流子寿命、扩散长度和迁移率、辐射复合以及非辐射复合等。提高太阳电池的转换效率并尽可能地降低制作成本,是利用和发展太阳能光伏技术的主要追求目标。为了改善太阳电池的光伏性能,有两条主要途径可供选择:一条是进一步拓宽电池对太阳光谱的能量吸收范围,另一条是尽量减少器件结构自身的能量损失。这就需要从光伏材料、器件结构、制作工艺、测试分析以及理论模拟等方面进行综合性探讨。

为了使读者能够充分理解各种新概念太阳电池的工作原理与光伏特性,本章将介绍太阳电池的光伏原理,主要内容包括太阳电池的光生伏特效应、转换效率分析以及能量损失机制等。

3.1 太阳光的辐射强度与太阳电池的光谱响应

3.1.1 太阳光的辐射强度

转换效率是太阳电池的最主要光伏参数,它可以由下式表示

$$\eta = \frac{P_{\max}}{E_{\text{tot}}A} \times 100\% \tag{3.1}$$

式中,$P_{\max}$ 为测量得到的最大输出功率;A 为太阳电池的面积;E_{tot} 为总的太阳光辐射强度。由式 (3.1) 可以看到,太阳电池的转换效率与光辐照强度直接相关。

一般而言,太阳光辐射可以分为三种辐射强度,即 6000K 黑体辐射、大气上界的太阳辐射 (AM0) 和到达地面的太阳辐射 (AM1.5G),如图 3.1 所示[1]。AM0 和 AM1.5G 的辐射强度分别为 136.6mW/cm² 和 100mW/cm²。值得注意的是,AM1.5G 的实际辐射强度为 96.3mW/cm²。如果没有特殊说明,本书中所使用的 AM1.5 均指 AM1.5G。

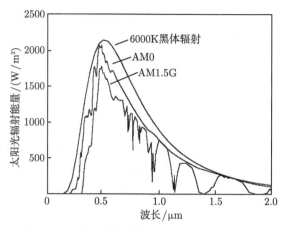

图 3.1　太阳光的辐射强度随波长的变化关系

3.1.2　太阳电池的光谱响应

　　太阳电池的光谱响应可以用来检测不同波长的光子能量对短路电流的贡献,被定义为从单一波长的入射光所获得的短路电流,并对最大电流进行归一化处理。如同光子收集效率可分为外收集效率和内收集效率一样,光谱响应也可分为外光谱响应和内光谱响应。其中,外光谱响应可定义为

$$(SR)_{\text{ext}} = \frac{I_{\text{sc}}(\lambda)}{qA\phi(\lambda)} \tag{3.2}$$

式中,$I_{\text{sc}}(\lambda)$ 为太阳电池的短路电流;q 为电子电荷;A 为太阳电池面积;$\phi(\lambda)$ 为入射光子流密度。内光谱响应则被定义为

$$(SR)_{\text{int}} = \frac{I_{\text{sc}}(\lambda)}{qA(1-s)[1-r(\lambda)]\phi(\lambda)[e^{-\alpha(\lambda)W_{\text{opt}}} - 1]} \tag{3.3}$$

式中,s 为线遮光系数;$r(\lambda)$ 为光反射率;$\alpha(\lambda)$ 为光吸收系数;W_{opt} 为太阳电池的光学厚度。

3.2　半导体中的光吸收

3.2.1　直接带隙半导体的光吸收

　　太阳电池是一种典型的将光能转换成电能的光吸收半导体器件。因此,充分而有效地吸收光能是提高太阳电池转换效率的前提条件。这就要求充当光伏材料的半导体应具备两个基本条件:一是适宜的禁带宽度,二是它的直接带隙性质。

　　作为二元系的III-V族化合物 GaAs 单晶符合上述两个条件,因而是一种理想的光伏材料。直接带隙性质可以使其发生有效的载流子直接吸收跃迁,1.42eV 的

禁带宽度可以使其充分吸收波长为 870nm 左右的太阳光，而这一波长在整个太阳光谱中具有最大的辐射强度[2]。

光吸收系数是表征半导体材料光吸收特性的一个重要物理参量。对于直接带隙半导体而言，光吸收系数可表示为

$$\alpha(h\nu) = \frac{B^*}{h\nu}(h\nu - E_{\mathrm{g}})^{3/2} \tag{3.4}$$

式中，B^* 为常数；E_{g} 为直接带隙半导体的禁带宽度。图 3.2(a) 和 (b) 分别给出了直接带隙半导体的光子吸收过程与 GaAs 在 300K 时的光吸收系数与光子能量的关系。

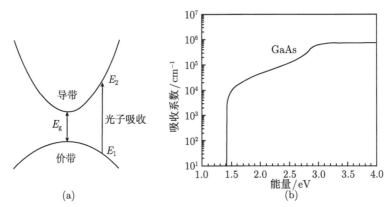

图 3.2   直接带隙半导体中的光子吸收 (a) 和 GaAs 的光吸收系数与光子能量的

关系 (b) 示意图

3.2.2   间接带隙半导体的光吸收

半导体物理指出，在间接带隙半导体中的光子吸收过程必须有声子的参与，这就是所谓的声子辅助光吸收。在这种光吸收中，载流子的跃迁或是吸收一个声子，或是发射一个声子。当吸收声子时，光吸收系数可表示为

$$\alpha_{\mathrm{a}}(h\nu) = \frac{A(h\nu - E_{\mathrm{g}} + E_{\mathrm{ph}})^2}{\mathrm{e}^{E_{\mathrm{ph}}/kT} - 1} \tag{3.5}$$

当发射声子时，光吸收系数可表示为

$$\alpha_{\mathrm{e}}(h\nu) = \frac{A(h\nu - E_{\mathrm{g}} - E_{\mathrm{ph}})^2}{1 - \mathrm{e}^{-E_{\mathrm{ph}}/kT}} \tag{3.6}$$

由于以上两个过程都有可能发生，因此有

$$\alpha(h\nu) = \alpha_{\mathrm{a}}(h\nu) + \alpha_{\mathrm{e}}(h\nu) \tag{3.7}$$

式 (3.5) 和式 (3.6) 中，A 为常数，E_g 为间接带隙半导体的禁带宽度，E_{ph} 为声子的能量。

由于间接带隙半导体的光吸收过程同时需要载流子跃迁和声子辅助才能完成，因而与直接带隙半导体相比，其光吸收系数相对较小，从而导致光在间接带隙半导体中的穿透深度比直接带隙半导体要深。图 3.3(a) 和 (b) 分别给出了间接带隙半导体中的光子吸收过程和 Si 材料的光吸收系数与光子能量的关系。

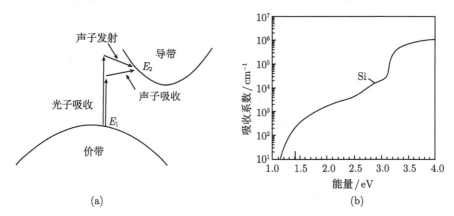

图 3.3　间接带隙半导体的光子吸收 (a) 和 Si 的光吸收系数与光子能量的关系 (b) 示意图

3.3　太阳电池的光生伏特效应

3.3.1　无机固态 pn 结太阳电池

1. 同质 pn 结太阳电池

当能量大于半导体材料禁带宽度 $(h\nu \geqslant E_g)$ 的一束光垂直入射到 pn 结表面时，光子将在距表面一定的深度范围内被吸收。入射光在空间电荷区和结附近的区域内同时激发产生电子–空穴对，产生的光生电子与空穴在 pn 结内建电场的作用下发生分离，p 区的电子漂移到 n 区，n 区的空穴漂移到 p 区，从而形成自 n 区流向 p 区的光生电流。由于光生载流子的漂移和堆积，会形成一个与热平衡结电场方向相反的电场，并产生一个与光生电流方向相反的正向结电流。该电流补偿结电场，使势垒降低为 $qV_D - qV$。当光生电流与正向结电流相等时，pn 结两端建立起一个稳定的电势差，即光生电压。光照使 n 区和 p 区的载流子浓度增加，引起费米能级的分裂 $E_{Fn} - E_{Fp} = qV$。当 pn 结开路时，光生电压为开路电压 (V_{oc})。如果外电路处于短路状态，pn 结正向电流为零，此时外电路的电流为短路电流 (I_{sc})，这就是理想情况下的光生电流。图 3.4(a) 和 (b) 分别给出了无光照和有光照时的 pn 结能带图[3]。

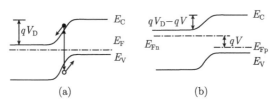

图 3.4   pn 结太阳电池在无光照 (a) 和有光照时 (b) 的能带图

2. 异质 pn 结太阳电池

对于一个理想的同质 pn 结太阳电池而言，光伏效应起因于 pn 结的内建电势，然而它不是光伏效应的唯一起源。考虑一个处于等温条件下的半导体异质结太阳电池，其有源区长度为 L，两端为欧姆接触，材料的禁带宽度为 E_g，电子亲合势为 χ，导带底和价带顶的有效状态密度分别为 N_C 与 N_V，电导率为 σ。在光照条件下，异质结内的静电场 F_0 发生变化。在开路条件下，将这一变化差 $F - F_0$ 对整个电池进行积分，可以得到开路电压，即

$$V_{oc} = \int_0^L (F - F_0)\mathrm{d}x \tag{3.8}$$

式中，F 为开路条件下的静电场。求解 $F - F_0$ 的表达式，则有[4]

$$
\begin{aligned}
V_{oc} &= \int_0^L (F - F_0)\mathrm{d}x \\
&= -\int_0^L \left(\frac{e\mu_n \Delta n + e\mu_p \Delta p}{\sigma}\right) F_0 \mathrm{d}x \\
&\quad + \int_0^L \left[\frac{\mu_n \Delta n}{\sigma}\frac{\mathrm{d}\chi}{\mathrm{d}x}\mathrm{d}x + \int_0^L \frac{\mu_p \Delta p}{\sigma}\left(\frac{\mathrm{d}\chi}{\mathrm{d}x} + \frac{\mathrm{d}E_g}{\mathrm{d}x}\right)\mathrm{d}x \right. \\
&\quad \left. - kT\left(\frac{\mu_p \Delta p}{\sigma}\frac{\mathrm{d}}{\mathrm{d}x}\ln N_v - \frac{\mu_n \Delta n}{\sigma}\frac{\mathrm{d}}{\mathrm{d}x}\ln N_c\right)\right]\mathrm{d}x \\
&\quad + kT\int_0^L \left(\frac{\mu_p}{\sigma}\frac{\mathrm{d}\Delta p}{\mathrm{d}x} - \frac{\mu_n}{\sigma}\frac{\mathrm{d}\Delta n}{\mathrm{d}x}\right)\mathrm{d}x
\end{aligned}
\tag{3.9}
$$

式中，μ_n 和 μ_p 分别为电子和空穴的迁移率；Δn 和 Δp 为光生电子和空穴的浓度；$(e\mu_n \Delta n + e\mu_p \Delta p)/\sigma$ 为光电导在总电导中所占的比例。从式 (3.9) 可以看出，对于半导体异质结太阳电池而言，V_{oc} 的起源应包括以下三个部分：① 第一项为 pn 结内建电场的贡献；② 第二项为材料组分变化，即有效力场的贡献；③ 第三项为扩散电势差的贡献。对于一个同质 pn 结太阳电池 (如晶体硅电池)，第一项内建电场是光伏效应的主要来源。

3. 肖特基势垒太阳电池

利用由金属和半导体接触产生的肖特基势垒 (M-S 势垒)，不仅可以制作性能良好的雪崩光电二极管和肖特基势垒栅场效应晶体管，而且也可以使其用于太阳

电池的制作。图 3.5(a) 是一个由金属和半导体接触形成的能带示意图。典型的工艺是在半导体表面上蒸镀一层半透明金属 (5~10nm)，然后沉积一层厚的金属栅作为顶部接触。为了减少金属–空气界面的反射，一般要在大多数光伏器件表面增加一个抗反射层。

肖特基势垒太阳电池的基本工作原理如下：当入射的光子能量大于肖特基势垒高度 $q\phi_B$，但小于半导体禁带宽度 E_g，也就是当 $E_g > h\nu > q\phi_B$ 时，金属中的电子将被激发并越过势垒，进而形成光电流。但是，由于跨越 M-S 势垒要求动量守恒，因此这种结构的光子收集效率不是很高。若光子能量大于 E_g，会同时在半导体的耗尽区和体内产生电子–空穴对，其结果是，空穴向金属一侧转移，而电子向半导体一侧转移，由此产生光电流。由于在半导体内吸收大多数光子，因此光产生电流将主要由从半导体流向金属的空穴电流构成。这种工作模式与 pn 结电池中的情况相类似[5]。

一般而言，与 pn 结太阳电池相比，肖特基势垒太阳电池的开路电压较低，故转换效率也相对较低。但是，如果在金属和半导体之间插入一个薄绝缘层，则热离子电流可以减小，因而使开路电压得以增加。图 3.5(b) 给出了这种金属–绝缘体–半导体 (MIS) 太阳电池的能带结构。在这种被称为 MIS 的光伏器件中，电流传导是由载流子隧道穿透绝缘薄层势垒引起的。采用这种结构的 Au-Si 太阳电池的效率可达到 12%，Au-GaAs 太阳电池的效率可达 15%。

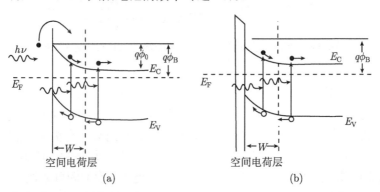

图 3.5　金属和半导体接触的能带图 (a) 和 MIS 太阳电池的能带结构 (b)

3.3.2　有机光电化学太阳电池

1. 染料敏化太阳电池

染料敏化太阳电池的工作原理与自然界中的光合作用相类似，是模仿绿色植物的光合作用将自然界中的光能转换为电能的。液体电解质染料敏化太阳电池主要由光阳极、液态电解质和对电极三个部分组成。光阳极主要是在导电衬底材料上制备一层多孔半导体薄膜 (如 TiO_2)，并吸附一层染料光敏化剂形成，而对电极则是在导电衬底上制备一层含铂或碳的催化材料形成。对于 TiO_2 光阳极来说，当表面吸附一层具有良好可见光吸收特性的染料敏化剂时，基态染料吸收光能后变成激发态，接着激发态染料将电子注入 TiO_2 导带完成载流子的分离，其后再经过外部回路输运到对电极。电解质溶液中的 I_3^- 在对电极上获得电子被还原成 I^-，而电子注入后的氧化态染料又被 I^- 还原成基态，I^- 自身被氧化成 I_3^-，从而完成整个循环。在电池内发生的所有光电化学过程可由图 3.6 具体加以说明。① 染料受光照激发，由基态 S 跃迁到激发态 S*；② 激发态染料分子将电子注入半导体的导带中；③ 导带电子与氧化态染料复合；④ 导带电子与 I_3^- 复合；⑤ 导带电子从纳米薄膜传输至导电玻璃的导电面，然后流入到外电路；⑥ I_3^- 扩散到对电极上，获得电子变成 I^-；⑦ I^- 还原氧化态染料，从而使染料再生完成整个循环[6]。

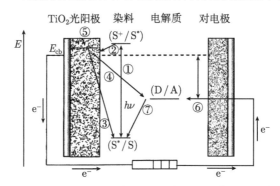

图 3.6　液体电解质染料敏化太阳电池的工作原理示意图

2. 聚合物太阳电池

最早报道的聚合物太阳电池，是一种具有给体/受体双层异质结构的器件，基本结构为 ITO/有机受体/有机给体/Ag。其中，有机给体、有机受体和银电极分别利用真空蒸发制备。目前，聚合物太阳电池的主流是基于共轭聚合物的异质结聚合物太阳电池，这类器件通常由共轭聚合物 (电子给体) 和可溶性 C_{60} 衍生物 (PCBM)(电子受体) 的光敏化活性层夹在 ITO 透光电极和 Al 金属电极之间所构成。

聚合物太阳电池的工作原理可以作如下阐述：当光透过 ITO 电极照射到活性层上时，活性层中的共轭聚合物给体吸收光子后产生激子 (电子–空穴对)；激子迁移到聚合物给体/受体界面上，其中的电子转移给电子受体的最低未占有分子轨道 (LUMO)，空穴转移到聚合物给体的最高占有分子轨道 (HOMO)，从而实现光生电荷的分离；然后，在电池内部势场的作用下，被分离的空穴沿着共轭聚合物给体形成的通道输运到正极，而电子则沿着受体形成的通道输运到负极。空穴和电子分别被相应的正极和负极收集以后形成光电流和光电压，即产生所谓的光伏效应。有机聚合物太阳电池中使用的受体一般为 PCBM，但也可以是具有高电子亲合能的共轭聚合物受体或无机半导体纳米晶粒。从上面的工作原理可以看出，有机聚合物太阳电池的工作过程可以分为如图 3.7 所示的 5 个步骤：① 吸收入射光子产生激子；② 激子向给体/受体界面扩散；③ 激子在给体/受体界面上进行电荷分离，在受体 LUMO 能级上产生电子和在给体 HOMO 能级上产生空穴；④ 光生电子和空穴分别向负极和正极传输；⑤ 在活性层/电极界面上电子和穴空分别被负极和正极所收集[7]。

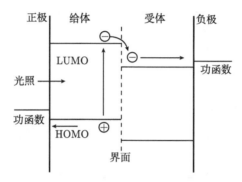

图 3.7 聚合物太阳电池的工作原理示意图

3.4 太阳电池的转换效率分析

3.4.1 单结太阳电池

1. 理想转换效率

对于一个典型的 pn 结太阳电池而言，它只具有一个单能隙 E_g。当该电池受到能量为 $h\nu > E_g$ 的光照后，光子能量将会被电池所吸收，并贡献一个光生电子–空穴对，从而对光生电流和光生电压产生贡献。为了计算 pn 结太阳电池的理想转换效率，首先考虑一个如图 3.8 所示的电流等效电路。图中的 I_L 为光生电流，I_s 为饱和电流，R_L 为负载电阻。

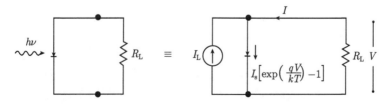

图 3.8 pn 结太阳电池的电流等效电路

为了计算光生电流 I_L，需要在整个太阳光谱范围对光子能量进行积分，故有

$$I_L(E_g) = Aq \int_{h\nu=E_g}^{\infty} \frac{\mathrm{d}\phi_{\mathrm{ph}}}{\mathrm{d}(h\nu)} \mathrm{d}(h\nu) \tag{3.10}$$

式中，ϕ_{ph} 为光子流密度；q 为电子电荷；A 为器件面积。图 3.9 是由计算得到的光子流密度 ϕ_{ph} 与半导体禁带宽度 E_g 的关系。由图可以看出，从光生电流角度而言，随着 E_g 的减小光子流密度急剧增加，这是由于此时会有更多光子被收集的缘故。

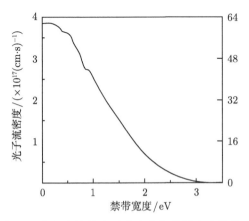

图 3.9　太阳电池的光子流密度与禁带宽度的关系

在光照条件下，pn 结太阳电池的 I-V 特性可由下式给出[8]，即

$$I = I_s \left[\exp\left(\frac{qV}{kT}\right) - 1 \right] - I_L \tag{3.11}$$

令 $I = 0$，由式 (3.11) 可以得到开路电压为

$$V_{oc} = \frac{kT}{q} \ln\left(\frac{I_L}{I_s} + 1\right) \approx \frac{kT}{q} \ln\left(\frac{I_L}{I_s}\right) \tag{3.12}$$

式中，I_s 为太阳电池的饱和电流。因此，对于一个给定的 I_L，V_{oc} 将随 I_s 的减小而呈对数增加。按照半导体 pn 结理论，理想饱和电流可表示为

$$I_s = AqN_C N_V \left(\frac{1}{N_A} \sqrt{\frac{D_n}{\tau_n}} + \frac{1}{N_D} \sqrt{\frac{D_p}{\tau_p}} \right) \exp\left(\frac{-E_g}{kT}\right) \tag{3.13}$$

式中，N_C 和 N_V 分别为半导体材料导带底与价带顶的有效状态密度；N_A 和 N_D 分别为受主和施主掺杂浓度。从式 (3.13) 可以看出，I_s 将随 E_g 的增加呈指数减小。也就是说，为了获得较大的 V_{oc}，需要有一个相对较大的 E_g。

太阳电池的输出功率可表示为

$$P = IV = I_s V \left[\exp\left(\frac{qV}{kT}\right) - 1 \right] - I_L V \tag{3.14}$$

为了使太阳电池获得最大输出功率，需要给出最大 I_m 和 V_m 的值，它们可分别表示为

$$I_m = I_s \beta V_m \exp(\beta V_m) \approx I_L \left(1 - \frac{1}{\beta V_m} \right) \tag{3.15}$$

和

$$V_m = \frac{1}{\beta} \ln\left[\frac{(I_L/I_s) + 1}{1 + \beta V_m} \right] \approx V_{oc} - \frac{1}{\beta} \ln(1 + \beta V_m) \tag{3.16}$$

式 (3.15) 和式 (3.16) 中，$\beta \equiv q/kT$。于是，最大输出功率可表示为

$$P_m = I_m V_m = (FF) I_{sc} V_{oc} \approx I_L \left[V_{oc} - \frac{1}{\beta} \ln(1 + \beta V_m) - \frac{1}{\beta} \right] \tag{3.17}$$

式中，FF 为填充因子，且有

$$FF \equiv \frac{I_m V_m}{I_{sc} V_{oc}} \tag{3.18}$$

在实际情形中，填充因子的最大值一般为 0.8。

太阳电池的理想转换效率可由最大输出功率与入射光功率的比给出，即

$$\eta = \frac{P_m}{P_{in}} = \frac{I_m V_m}{P_{in}} = \frac{V_m^2 I_s (q/kT) \exp(qV_m/kT)}{P_{in}} \tag{3.19}$$

图 3.10 是在温度为 300 K 和 1000 sun 光照射强度条件下，由计算得到的各种太阳电池的理想转换效率。由图可以看出，在 $E_g = 0.8 \sim 1.4$eV 的能量范围内，太阳电池可以获得相对较高的理想转换效率。当太阳光照射强度为 1sun 时，GaAs 太阳电池的峰值转换效率为 31%；而在 1000sun 光照射条件下，其峰值转换效率为 37%。

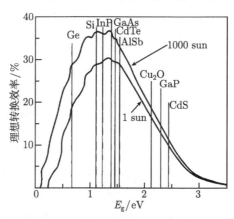

图 3.10 各种太阳电池的理想转换效率随材料禁带宽度的变化

2. S-Q 极限转换效率

1961 年，Shockley 和 Queisser 根据热力学细致平衡原理，理论计算了 pn 结太阳电池的极限转换效率 (S-Q 极限效率)[9]。对于一个理想的光电转换过程，应满足下列假设条件：① 太阳电池材料的禁带宽度 $E_g > kT_a$，其中 T_a 为环境温度，而且电池应有足够厚度以吸收光子能量范围为 $E_g \to \infty$ 的全部光子；② 当电池吸收能量 $h\nu > E_g$ 的光子后，产生一个电子–空穴对的概率必须为 1，而且导带和价带的光生载流子与环境温度应处于一个准热平衡状态；③ 光生载流子应实现完全的分离，并无损失地进行输运而被收集到输出端；④ 系统满足细致平衡原理，辐射复合为电池的唯一载流子复合机制；⑤ 电池应具有理想的欧姆接触，即表面复合电流为零。在上述假定条件下，可以计算太阳电池的 S-Q 极限效率。

首先定义 $N(E_1, E_2, T, \mu)$ 为在 $E_1 \sim E_2$ 能量范围内的最大吸收或发射光子流密度，T 为黑体辐射温度，μ 为化学势，于是有

$$N(E_1, E_2, T, \mu) = \int_{E_1}^{E_2} Q(E, T, \Delta\mu)\mathrm{d}E = \frac{2F_s}{h^3 c^2} \int_{E_g}^{\infty} \left[\frac{E^2}{\mathrm{e}^{(E-qV)/kT} - 1} \right] \mathrm{d}E \quad (3.20)$$

在光生电子–空穴对产生率为 1 的假设下，如果表面没有反射，那么相应的等效光电流密度为

$$J_{\mathrm{ph}}(V) = qN_s = q\int_{E_g}^{\infty} Q_s(E)\mathrm{d}E = q\frac{2F_s}{h^3 c^2} \int_{E_g}^{\infty} \left[\frac{E^2}{\mathrm{e}^{(E-qV)/kT_s} - 1} \right] \mathrm{d}E \quad (3.21)$$

根据细致平衡原理，由辐射复合贡献的电流就是在无光照下的暗电流，即

$$J_{\mathrm{re}}(E) = qN_r = q\int \left[Q_{\mathrm{ce}}(E, \Delta\mu) - Q_{\mathrm{ce}}(E, 0) \right] \mathrm{d}E \quad (3.22)$$

而

$$Q_{\mathrm{ce}}(E, \Delta\mu) = \frac{2n_s^2 F_c}{h^3 c^2} \left[\frac{E^2}{\mathrm{e}^{(E-\Delta\mu)/kT_c} - 1} \right] \quad (3.23)$$

由此可以得到

$$J_{\mathrm{re}}(V) = qN_r = q\frac{2n_s F_c}{h^3 c^2} \int_{E_g}^{\infty} \left[\frac{E^2}{\mathrm{e}^{(E-\Delta\mu)/kT_c} - 1} - \frac{E^2}{\mathrm{e}^{E/kT_c} - 1} \right] \mathrm{d}E \quad (3.24)$$

于是，太阳电池的 S-Q 极限效率可以由下式给出，即

$$\eta = \frac{V[J_{\mathrm{ph}}(V) - J_{\mathrm{re}}(V)]}{\sigma T_s^4} \quad (3.25)$$

式 (3.20)~ 式 (3.25) 中，N_s 为光子流密度；N_r 为辐射复合光子流密度；T_c 和 T_s 分别为太阳电池温度和太阳表面温度；F_s 和 F_c 为几何因子。利用式 (3.25) 对 V

求极值, 可获得 S-Q 极限效率。图 3.11 是由计算得到的理想太阳电池的 S-Q 极限效率与材料禁带宽度的依赖关系。由图可以看出, 在全聚光条件下, 其极限效率可高达 40.7%。

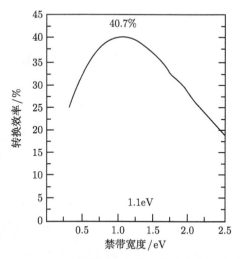

图 3.11 S-Q 极限效率与材料禁带宽度的关系

3. 实际转换效率

对于一个实际的 pn 结太阳电池, 除了负载电阻 R 外, 还应考虑串联电阻 R_s 和分路电阻 R_{sh}。前者可以产生接触电阻损失, 后者将对漏电流产生贡献。这样, pn 结太阳电池的 I-V 特性可表示[10] 为

$$\ln\left(\frac{I+I_L}{I_s} - \frac{V-IR_s}{I_s R_{sh}} + 1\right) = \frac{q}{kT}(V-IR_s) \tag{3.26}$$

此外, pn 结耗尽区中的复合电流对太阳电池的 I-V 特性有着重要影响, 它可以使理想转换效率进一步降低。复合电流 I_{re} 可以由下式给出, 即

$$I_{re} = I_s\left[\exp\left(\frac{qV}{2kT}\right) - 1\right] \tag{3.27}$$

从式 (3.26) 和式 (3.27) 可以看出, 由于串联电阻和复合电流的影响, 太阳电池的实际转换效率远低于其理论预测值。也就是说, 为了大幅度提高太阳电池的转换效率, 需要在太阳电池的光谱吸收波长、材料生长工艺、器件结构形式以及电极引线制备等多方面进行统筹优化考虑。

3.4.2 肖特基势垒太阳电池

与 pn 结太阳电池相比, 肖特基势垒太阳电池具有如下几个优点: ① 制作该电池所采用的工艺温度较低, 一般不需要高温扩散或退火工艺; ② 与体单晶或薄膜

太阳电池的制作工艺具有很好的兼容性；③ 具有较大的功率输出和良好的光谱响应特性。肖特基势垒太阳电池的光生电流主要来自于肖特基结的耗尽区和半导体一侧中性区的光生载流子。耗尽区的光电流可表示为[11]

$$J_{dr} = qT(\lambda)\varphi(\lambda)\left[1 - \exp(-\alpha W_D)\right] \tag{3.28}$$

式中，$T(\lambda)$ 为金属的透射系数；W_D 为耗尽层宽度。半导体一侧的光电流可由下式给出，即

$$J_n = qT(\lambda)\varphi(\lambda)\frac{\alpha L_n}{\alpha L_n + 1}\exp(-\alpha W_D) \tag{3.29}$$

因此，肖特基势垒太阳电池总的光电流由式 (3.28) 和式 (3.29) 之和表示。

在光照条件下，肖特基势垒太阳电池的 I-V 特性可表示为

$$I = I_s\left[\exp\left(\frac{qV}{nkT}\right) - 1\right] - I_L \tag{3.30}$$

式中，I_s 可表示为

$$I_s = AA^{**}T^2\exp\left(\frac{-q\phi_B}{kT}\right) \tag{3.31}$$

式中，A 为理想因子；AA^* 为有效里查森常数；$q\phi_B$ 为势垒高度。

对于一个 MIS 太阳电池，由于在金属和半导体之间插入了一个薄的绝缘层，此时其饱和电流密度可由下式给出，即

$$J_s = A^{**}T^2\exp\left(\frac{-q\phi_B}{kT}\right)\exp(-\delta\sqrt{q\phi_T}) \tag{3.32}$$

式中，$q\phi_T$ 是由绝缘层给出的势垒高度；δ 为绝缘层厚度。令 $V = V_{oc}$ 和 $I = 0$，式 (3.30) 可改写成

$$V_{oc} = \frac{nkT}{q}\left[\ln\left(\frac{I_L}{A^{**}T^2}\right) + \frac{q\phi_B}{kT} + \delta\sqrt{q\phi_T}\right] \tag{3.33}$$

由式 (3.33) 可知，MIS 太阳电池的开路电压 V_{oc} 将会随绝缘层厚度 δ 的增加而增大。但是，δ 的增加又会使得短路电流 I_{sc} 减小，从而引起太阳电池转换效率的降低。研究证实，一个优化的氧化层厚度应为 2nm。

3.4.3   聚光太阳电池

太阳光可以利用透镜和反射镜进行聚焦。聚光辐射的主要优点是：① 能够大幅度提高太阳电池的转换效率；② 混合系统可同时产生电能和热能输出；③ 可以降低电池的温度系数。对于一个 Si 垂直多结太阳电池，在不同聚光条件下所得到的转换效率和短路电流密度如图 3.12 所示。由图可以看出，短路电流密度随聚光

度增加呈线性增加。因此，一个太阳电池在 1000sun 光照条件下所获得的转换效率与 1300 个太阳电池在 1sun 光照条件下获得的转换效率是相同的。在强聚光条件下，太阳电池的开路电压为

$$V_{oc} = \frac{2kT}{q} \ln \left(\frac{J_L}{J_s} + 1 \right) \tag{3.34}$$

式中，J_s 可由下式表示，即

$$J_s = C_4 \left(\frac{T}{T_0} \right)^{3/2} \exp \left[-\frac{E_g(T)}{2kT} \right] \tag{3.35}$$

式中，C_4 是一个常数；T 为工作温度和 $T_0 = 300\text{K}$。V_{oc} 的温度系数在 $-2.07\text{mV}/°\text{C}$ (1sun)$\sim -4.45\text{mV}/°\text{C}$(500sun) 变化。

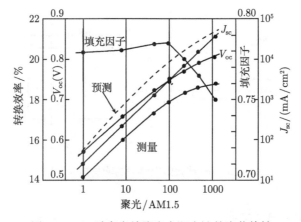

图 3.12 Si 垂直多结聚光太阳电池的光伏特性

3.5 太阳电池的能量损失机制

3.5.1 影响太阳电池转换效率的主要因素

能量损失是制约太阳电池转换效率提高的一个主要因素。为了进一步改善太阳电池的光伏性能，必须尽量减少各种能量损失机制 [12]。对于一个 pn 结太阳电池来说，大体存在如图 3.13 所示的 5 种能量损失过程。① 半导体表面的光反射损失。当太阳光入射到电池表面时，由于表面光反射的存在，只有一部分光被吸收，而另一部分光将被表面反射，因此这部分光子能量被白白浪费掉了。例如，对于一个 Si 单晶而言，其表面反射率约为 30%，而用于太阳能转换的仅有 70%。② 低能光子的损失 ($h\nu < E_g$)。对于一种具有特定禁带宽度的太阳电池来

说, 只有大于此带隙能量的光子才会被吸收, 而小于此带隙能量的光子则不能被吸收。③ 高能光子的损失 $(h\nu > E_g)$。当入射光子能量远大于材料的禁带宽度时, 除了光激发产生一个电子–空穴对之外, 还有一部分剩余的光子能量将贡献给晶格振动。如果光生电子和空穴分别产生在导带底和价带顶, 由于费米能级是位于能隙之中, 开路电压总是小于 1。④ 体内载流子复合的损失。由于在半导体内部存在着各种缺陷或不完整性, 它们将在禁带中产生复合中心。这些复合中心的存在, 将会导致光生载流子在输运过程中被复合掉, 从而使短路电流减小。⑤ 由接触电阻引起的损失。电极接触电极和引线等引起的寄生电阻, 会使输出光电流产生压降, 从而使开路电压和填充因子减小。下面, 具体分析以上各种能量损失机制。

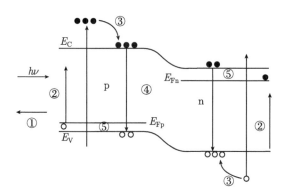

图 3.13   pn 结太阳电池中的能量损失过程

3.5.2   入射光子能量的损失

如上所述, 当入射光照射到太阳电池表面时, 只有特定波长的能量才会被吸收, 并产生一对电子和空穴, 此后它们通过输运被电极收集, 从而对转换效率产生贡献; 小于此波长的光子能量又将因热弛豫的形式变 "冷", 也将无谓地损失掉。这一事实说明, 入射光的吸收波长与材料的禁带宽度密切相关。也就是说, 只有当入射光子能量与材料的禁带宽度相匹配时, 才能使光子能量得到合理而充分的利用。理论计算指出, 在 $E_g = 0.8 \sim 1.6\text{eV}$ 的能量范围内, 太阳电池有较高的转换效率, 而最高的转换效率发生在 $E_g = 1.1\text{eV}$ 处。图 3.14 给出了各种半导体太阳电池最高转换效率的理论值与材料禁带宽度的依赖关系。由图可以看出, $E_g = 1.12\text{eV}$ 的单晶 Si 和 $E_g = 1.42\text{eV}$ 的单晶 GaAs 最适合于太阳电池的设计与制作。

为了充分利用整个太阳谱范围的光子能量, 以使太阳电池获得最高的转换效率, 迄今为止人们已进行了大量富有成效的研究。就低能光子而言, 主要思路是如何进一步拓宽波长吸收范围。为此, 人们提出了两种技术方案: 一种是采用量子阱

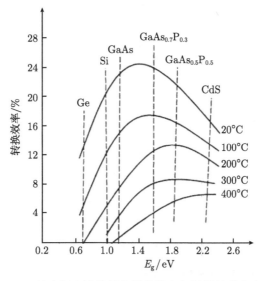

图 3.14　pn 结太阳电池的最高转换效率与材料禁带宽度的关系

结构，利用多量子阱所具有的带隙可调谐特性，增加器件有源区的光吸收波长，这就是所谓的应变量子阱太阳电池；另一种是在基质半导体的禁带中引入中间带半导体，通过能量上转换效应，使红外部分的光子能量得到有效利用，这就是所谓的中间带太阳电池。就高能光子来说，人们试图利用能量下转换效应，使光生电子–空穴对产生之后的剩余能量在变 "冷" 之前通过多激子产生效应或热载流子效应，使高能光子得到最充分利用，这就是正在构建的量子点激子太阳电池和热载流子太阳电池[13]。关于这部分内容，将在以后的相应章节中分别加以介绍。

3.5.3　体内载流子复合的损失

半导体物理指出，在各种半导体材料中都存在着一定数量的杂质和缺陷，它们将在材料的禁带中产生相应的杂质能级和缺陷能级，从而起到一种有效复合中心的作用。电子和空穴在其输运过程中将通过它们发生复合，这将对半导体器件的特性产生不利影响。对于 pn 结太阳电池而言，它们将使载流子扩散长度减小，从而使少数载流子寿命降低。当光生载流子的扩散长度小于器件有源区厚度时，会导致饱和电流增加，这将使太阳电池的开路电压降低。

图 3.15 给出了太阳电池的开路电压 V_{oc}、短路电流密度 J_{sc} 和填充因子 FF 随少子寿命的变化[14]。由图可以看出，当少子寿命远小于太阳电池有源区厚度时，会使饱和电流增大，从而降低了 V_{oc}；而随着少子寿命的增加，I_{sc}、V_{oc} 和 FF 均相应增加。为了获得长载流子寿命和高载流子迁移率，制备高质量的光伏材料至关重要。

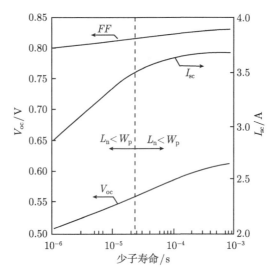

图 3.15　太阳电池的光伏参数随少子寿命的变化

3.5.4　表面缺陷复合的损失

　　半导体的表面与界面对半导体器件的特性有着十分重要的影响。半导体表面处的杂质、特有的表面缺陷以及原子价键在表面处的中断，都会在半导体的禁带形成复合中心能级。载流子通过它们发生复合，将会直接影响到器件的性能，这就是所谓的表面复合。对于太阳电池来说，影响表面复合过程的一个主要物理参数是背表面复合速度，它对饱和电流的影响可由下式表示[15]，即

$$I_{\mathrm{s}} = qA \frac{n_{\mathrm{i}}^2}{N_{\mathrm{A}}} \frac{D_{\mathrm{n}}}{W_{\mathrm{p}} - x_{\mathrm{p}}} \frac{S_{\mathrm{BSF}}}{S_{\mathrm{BSF}} + D_{\mathrm{n}}/(W_{\mathrm{p}} - x_{\mathrm{p}})} \tag{3.36}$$

式中，n_{i} 为本征载流子浓度；D_{n} 为少子扩散系数；N_{A} 为掺杂浓度；S_{BSF} 为表面复合速度；W_{p} 为器件有源区宽度。图 3.16 给出了电池背表面复合速度对太阳电池光伏性能的影响。很显然，当 S_{BSF} 在 $10^0 \sim 10^3 \mathrm{cm/s}$ 变化时，V_{oc} 和 I_{sc} 均呈单调下降趋势。

3.5.5　接触串联电阻的损失

　　串联电阻对太阳电池光伏性能的影响也不可忽视，它主要来源于电池本身的体电阻、前电极和金属栅线的接触电阻、栅线之间横向电流对应的电阻、背电极的接触电阻以及金属引线本身的电阻等。图 3.17 给出了串联电阻 R_{s} 对太阳电池光生电流的影响。由图可以看出，当电池处于开路状态时，串联电阻不影响开路电压；当短路电流值为零时，使输出终端有一压降 IR_{s}，此时串联电阻对填充因子有明显影响，串联电阻越大，短路电流的降低将会越显著。

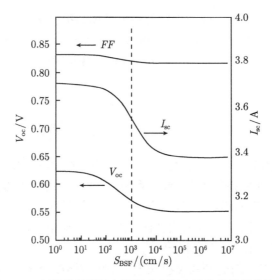

图 3.16 电池背表面复合速度对太阳电池光伏性能的影响

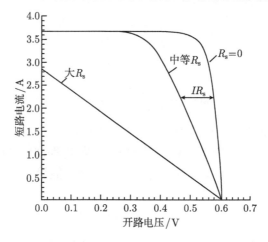

图 3.17 串联电阻对太阳电池 $I\text{-}V$ 特性的影响

3.5.6 电池表面光反射的损失

当入射光照射到太阳电池表面时，由于在表面处存在的反射，被吸收的光子数少于入射的光子数，这是太阳电池转换效率降低的另一个重要因素。反射光的百分比取决于光的入射角度和材料的介电常数。假设光垂直入射，则反射比由下面的光学定律给出，即

$$R = \frac{(n-1)^2 + (\lambda\alpha/4\pi)^2}{(n+1)^2 + (\lambda\alpha/4\pi)^2} \tag{3.37}$$

式中，$n = n_2/n_1$，n_1 和 n_2 分别为空气和半导体的折射率；α 为半导体的吸收系数。在单晶 Si 光伏电池中，反射光的比例大约为 30%。在实际应用中，为了尽量减小电池表面的光反射损失，通常采用在电池表面减反射膜沉积或对表面进行积构的方法加以解决。

3.6　太阳电池中的细致平衡原理

太阳电池的能量转换过程，涉及由太阳光、电池周围环境与太阳电池三部分组成的各子系统之间的能量交换。在这一系统中，各子系统之间的能量交换是相互的，这里不仅有太阳光的辐射、太阳电池与周围环境的吸收，也有太阳电池与地球环境的光发射。由这三部分组成的宏观体系处于一个热平衡状态，而细致平衡模型是分析与讨论宏观体系的物理基础[16]。

首先考虑环境条件对光子的发射问题。令环境温度为 T_a、环境辐射几何因子为 F_a，则环境辐射到太阳电池表面的光子流密度为

$$Q_a(E) = \frac{2F_a}{h^3c^2}\left(\frac{E^2}{e^{E/kT_a} - 1}\right) \tag{3.38}$$

能量流密度为

$$M_a(E) = \frac{2F_a}{h^3c^2}\left(\frac{E^3}{e^{E/kT_a} - 1}\right) \tag{3.39}$$

当太阳光照射到太阳电池表面时，若一个光子激发产生一个电子–空穴对，而且太阳电池中光生载流子分离与输运到接触电极的过程都没有能量损失，那么在这种理想情况下，太阳电池从周围环境中吸收的光子能量所产生的等效电流密度可表示为

$$J_a(E) = q[1 - R(E)]\alpha(E)Q_a(E) \tag{3.40}$$

式中，$R(E)$ 为太阳电池的反射系数；$\alpha(E)$ 为太阳电池对光子能量为 E 的吸收系数。

当太阳电池与周围环境处于热平衡状态时，有 $T_a = T_c$。温度为 T_c 的太阳电池向周围环境发射的光子流密度具有与温度为 T_a 的环境辐射相同的特征，因此光谱密度为

$$Q_c(E) = \frac{2F_c}{h^3c^2}\left(\frac{E^2}{e^{E/kT_c} - 1}\right) \tag{3.41}$$

式中，F_c 为几何因子。相应地，从太阳电池表面发射到周围环境的相应等效电流密度为

$$J_a(E) = q[1 - R(E)]T(E)Q_c(E) \tag{3.42}$$

式中, $T(E)$ 为能量为 E 的光子发射概率。利用热平衡条件 $T_a = T_c$, 结合式 (3.40) 可以得到如下关系

$$J_a(E) = J_c(E) \tag{3.43}$$

$$Q_a(E) = Q_c(E) \tag{3.44}$$

$$\alpha(E) = T(E) \tag{3.45}$$

这就是太阳电池所遵守的细致平衡原理。它的物理含义是: 在热平衡条件下, 从环境辐射到太阳电池表面的光子流密度或能量流密度与环境发射的光子流密度或能量流密度是相等的。同时, 太阳电池从周围环境的能量吸收率和由周围环境的能量发射率也是相等的。

参 考 文 献

[1] Luque A, Hegedus S, 等. 光伏技术与工程手册. 王文静, 李海玲, 周春兰, 等译. 北京: 机械工业出版社, 2011

[2] Pankove J I. 半导体中的光学过程. 刘湘娜, 等译. 南京: 南京大学出版社, 1992

[3] 刘恩科, 朱秉升, 罗晋生. 半导体物理学. 第四版. 北京: 国防工业出版社, 1994

[4] Fonash S J, Ashok S. Appl. Phys. Lett., 1979, 35:535

[5] Li S S. Semiconductor Physics Electronics(2nd Edition). 北京: 科学出版社, 2008

[6] 小长井诚, 山口真史, 近藤道雄. 太阳电池的基础与应用. 东京: 培风馆, 2010

[7] 彭英才, 于威, 等. 纳米太阳电池技术. 北京: 化学工业出版社, 2010

[8] Sze S M, Ng K K. Physics of Semiconductor Devices (Third Edition). New Jersey: John wiley & Sons, Inc., 2007

[9] Shockley W, Queisser H J. J. Appl. Phys., 1961, 32:510

[10] Prince M B. J. Appl. Phys., 1955, 26:534

[11] Frank R I, Goodrich J L, Kaplow R. GOMAC Conference, Houston, Nov. 1980

[12] Soga T. Nanostructured materials for solar energy conversion. Elsevier B. V., 2006

[13] 彭英才, 傅广生. 材料研究学报, 2009, 23:449

[14] Gray J L. Handbook of photovoltaic science and engineering. Steven Hegedus John Wiley &Sons Ltd, 2002

[15] 孟庆巨, 刘海波, 孟庆辉. 半导体器件物理. 北京: 科学出版社, 2005

[16] 熊绍珍, 朱美芳. 太阳能电池基础与应用. 北京: 科学出版社, 2009

第4章 III-V族化合物叠层太阳电池

叠层太阳电池是一种重要的新概念电池。由第 3 章的讨论我们认识到,为了能够大幅度提高太阳电池的转换效率,必须尽量拓宽太阳电池对太阳光谱的能量吸收范围。如果使太阳电池的有源区按禁带宽度从宽到窄的顺序由上到下依次叠加起来,使波长较短的光子能量被上面的宽带隙材料所吸收,而让波长较长的光子能量被下面的窄带隙材料所吸收,就有可能最大限度地将太阳光能转换成电能,这就是设计和制作叠层太阳电池的最初物理构想。

就材料体系而言,叠层太阳电池主要可分为两大类。一类是 Si 基叠层太阳电池,如 a-Si:H/μc-Si:H/μc-Si:H 三结太阳电池以及 a-Si:H/a-Si:H/μc-Si:H 三结太阳电池等;另一类则是III-V族化合物叠层太阳电池,如 AlGaAs/GaAs 双结太阳电池、GaInP/GaAs 双结太阳电池以及 GaInP/GaAs/Ge 三结太阳电池等。

由于III-V族化合物叠层太阳电池具有远高于 Si 基叠层太阳电池的转换效率,因此成为高效率叠层太阳电池发展的主流。本章将以各类III-V族化合物叠层太阳电池为主,讨论其工作原理、结构组态、光伏特性、影响转换效率的因素以及几种主要材料体系叠层太阳电池的研究进展。

4.1 叠层太阳电池的工作原理

如上所述,叠层太阳电池的工作原理是,利用具有不同禁带宽度的材料制成若干个子电池,由此构成一个串联式的太阳电池,其中的每一个子电池仅吸收与其禁带宽度相匹配波段的光子能量。也就是说,叠层太阳电池对太阳光谱能量的吸收和转换等于各子电池吸收与转换的总和。因此,它比任何一种单结太阳电池都能更充分、更有效地吸收太阳光能,从而达到大幅度提高转换效率的目的。

现以一个三结叠层太阳电池为例,具体说明叠层太阳电池的工作原理[1]。选取三种不同的半导体材料,其禁带宽度分别为 E_{g1}、E_{g2} 和 E_{g3},并且有 $E_{g1} > E_{g2} > E_{g3}$。如果将这三种材料以串联方式连续制作出三个子电池,就会形成一个三结太阳电池。将禁带宽度为 E_{g1} 的电池作为顶电池,它可以吸收大于 E_{g1} 的光子能量,中电池吸收 $E_{g1} \geqslant h\nu \geqslant E_{g2}$ 的光子能量,而底电池则吸收 $E_{g2} \geqslant h\nu \geqslant E_{g3}$ 的光子能量。显然,这种三结叠层太阳电池对太阳光谱能量的吸收,比任何一种单结太阳电池都有效得多。因此,可以说叠层太阳电池是一种能够最直接和最便当地拓宽对太阳光谱能量吸收的光伏器件。图 4.1(a) 和 (b) 分别给出了 Si 太阳电池和 GaInP/GaInAs/Ge 三结太阳电池对太阳光谱的响应范围。由图可以清楚地看到，GaInP/GaInAs/Ge 三结叠层太阳电池的光谱吸收范围已经基本覆盖了整个太阳光谱。

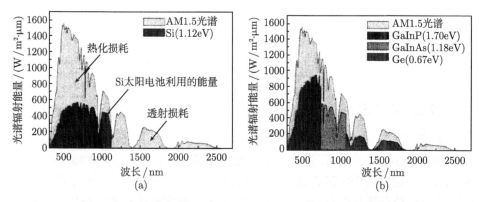

图 4.1　Si 太阳电池 (a) 和 GaInP/GaInAs/Ge 三结太阳电池 (b) 的光谱吸收特性

　　毫无疑问，构成叠层太阳电池的子电池数量越多，所预期的转换效率会越高。理论计算指出，在 1sun 的照射条件下，具有 1、2、3 和 36 个不同禁带宽度太阳电池的极限转换效率分别为 37%、50%、56%和 72%[2]。从这个结果可以看出，双结太阳电池的转换效率远高于单结太阳电池，而当子电池数量继续增加时，转换效率提高的幅度将随之变缓。此外，从太阳电池的制作技术而言，随着子电池数量的增加，其工艺难度也将进一步加大，这势必将影响到材料和器件的质量，反而会降低叠层太阳电池的转换效率。

　　图 4.2(a) 和 (b) 分别是一个四结串联叠层太阳电池的光谱吸收原理和理论转换效率与 pn 结数量的关系。由图 4.2(a) 可见，从第一个 pn 结到第四个 pn 结的子

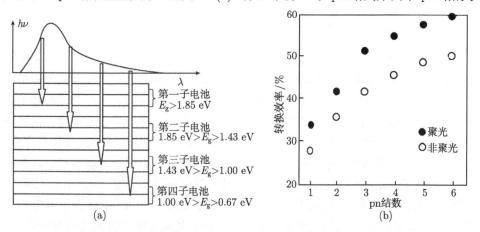

图 4.2　四结太阳电池的光谱吸收原理 (a) 和理论转换效率 pn 结数量的关系 (b)

太阳电池将分别吸收 1.85eV、1.43~1.85eV、1.00~1.43eV 和 0.67~1.00eV 的光子能量，因此其光谱吸收范围被大大扩展。从图 4.2(b) 可以看到，对于一个四结太阳电池来说，在非聚光条件下的转换效率约为 45%，而在聚光条件下的转换效率可高达 55% 以上[3]。

4.2　叠层太阳电池的结构组态

4.2.1　垂直串联叠层太阳电池

这种叠层太阳电池是，利用 MBE 或 MOCVD 技术从下至上连续生长具有不同禁带宽度的 pn 结子电池，并在各子电池之间插入超薄垂直掺杂的隧穿结，利用光生载流子的隧穿效应实现各级子电池互连的方法。之所以采用这种方式，是因为如果将各 pn 结直接串联在一起，会由于它们的反向偏置而不能实现载流子输运。采用高浓度掺杂实现的隧穿结，可以恰到好处地解决这一问题。

由此看来，高质量隧穿结的制备成为高效率叠层太阳电池制作的关键。研究指出，作为能够有效地互连两个子电池的隧穿结，应该具有高透光率和低阻抗的特点，而且上电池和下电池材料的晶格常数和热膨胀系数也应尽可能的匹配。此外，为了避免隧穿结对叠层太阳电池的短路电流造成损失，隧穿结的峰值隧穿电流必须远大于叠层太阳电池的最大短路电流。为此，要求 pn 结两侧应具有足够高的掺杂浓度，以确保隧穿结具有较高的载流子隧穿概率，从而获得足够高的峰值隧穿电流。这就需要在适宜的掺杂剂类型、浓度选择以及隧穿结构的优化等方面进行统筹考虑[4]。图 4.3 是一个以 InGaP 为隧穿结的 InGaP/GaAs 叠层太阳电池结构示意图。

4.2.2　横向并联叠层太阳电池

并联叠层太阳电池的主要结构特点是，整个电池为一个 pn 结，中间是本征层，两侧分别为 n 型和 p 型掺杂层。图 4.4 给出了一个并联叠层太阳电池的能带形式[5]。从图中可以看出，对于 n 型掺杂一侧来说，从顶电池接触电极到本征层的掺杂浓度是逐渐减小的；过了本征层之后是 p 型区，其掺杂浓度直至底电池的接触电极是逐渐增大的。通过改变合金材料的组分数可以调控叠层太阳电池的禁带宽度。受光照射面的带隙最宽，越往里带隙逐渐减小，这样就可以使电池能够吸收具有不同能量的光子，从而提高其转换效率。2009 年，Ning 等[6] 设计了 $Zn_xCd_{1-x}S_ySe_{1-y}$ 合金叠层太阳电池结构。研究发现，当 x 和 y 分别从 0~1 发生改变时，其禁带宽度可从 CdSe 的 1.7eV 连续变化到 ZnS 的 3.6eV，其能量吸收范围可达 0.9eV。

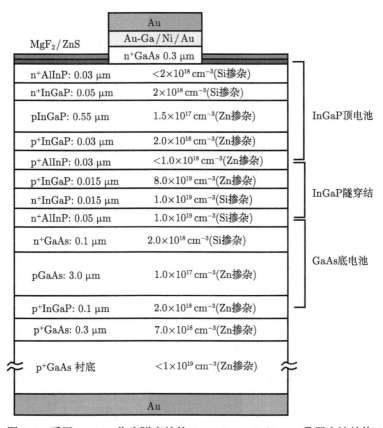

图 4.3 采用 InGaP 作为隧穿结的 $In_{0.49}Ga_{0.51}P/GaAs$ 叠层电池结构

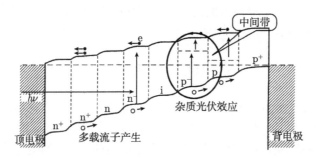

图 4.4 并联叠层太阳电池的能带结构示意图

由于并联叠层太阳电池的禁带宽度由表及里逐渐减小, 将会在电池内部造成一个连续变化的内建电场。在统一的同向电场作用下, 光生电子–空穴对的分离和抽取作用将受到该电场的逐层加速作用, 因此载流子输运畅通无阻。尤其是当载流子被加速到一定程度时, 还可以发生雪崩倍增效应, 由此进一步产生倍增载流子, 这对增加光生电流是十分有利的。除此之外, 杂质光伏效应和中间带光伏效应也易于在并联电池中产生, 这样可以有效增加太阳电池的红外光谱能量吸收。但是到目前为止, 实用化的并联叠层太阳电池尚未研制成功。

4.3   叠层太阳电池的 J-V 特性

4.3.1   短路电流密度

对于一个由两个子电池构成的叠层太阳电池, 如果设顶电池接收到的太阳光通量为 ϕ_s, 那么底电池接收到的太阳光通量为

$$\phi_b = \phi_s \exp[-\alpha_t(\lambda) x_t] \tag{4.1}$$

式中, $\alpha_t(\lambda)$ 和 x_t 分别为顶电池的吸收系数和有源区厚度。假定底电池足够厚, 它能够吸收所有入射大于禁带宽度的光子能量, 那么顶电池和底电池所获得的短路电流密度可以分别表示为

$$J_{sct} = q \int_0^{\lambda_t} \{1 - \exp[-\alpha_t(\lambda) x_t]\} \phi_s(\lambda) d\lambda \tag{4.2}$$

$$J_{scb} = q \int_0^{\lambda_b} \exp[-\alpha_t(\lambda) x_t] \phi_s(\lambda) d\lambda \tag{4.3}$$

式 (4.2) 和式 (4.3) 中, $\lambda_t = hc/E_{gt}$, $\lambda_b = hc/E_{gb}$, E_{gt} 和 E_{gb} 分别为顶电池和底电池的禁带宽度。J_{sct} 与 J_{scb} 之和应为双结太阳电池的总短路电流密度 J_{sc}。

4.3.2 J-V 特性

对于一个由 m 级子电池串联构成的叠层太阳电池, 其中第 i 个电池的 J-V 特性用 $X_i(J)$ 描述, 则串联后的 J-V 特性可以简单地表示为

$$V(J) = \sum_{i=1}^{m} V_i(J) \tag{4.4}$$

这意味着, 在给定电流下的电压等于所有在该电流下的子电池电压之和。每一个独立的子电池都有自己的最大功率点 $|V_{mpi}, J_{mpi}|$, 最大功率点下的 $J \times V_i(J)$ 最大。然而, 在这种多结串联电池中, 只有每一个子电池的 J_{mpi} 都相同时, 才会使每一个子电池都能工作在最大功率点。在这种情形下, 叠层太阳电池的最大输出功率就是每一个子电池的最大输出功率 $V_{mpi} \cdot J_{mpi}$ 之和。图 4.5 给出了一个 GaInP/GaAs 双结串联太阳电池的 J-V 特性曲线。在这个实例中, 假定 GaAs 底电池比 GaInP 顶电池具有更大的短路电流[7]。

为了能够定量地模拟叠层太阳电池的 J-V 特性, 需要给出子电池的 J-V 特性和 $V_i(J)$ 的表达式。利用经典的理想光敏二极管 J-V 方程, 则有[8]

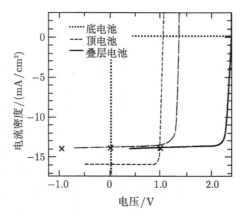

图 4.5 GaInP/GaAs 双结太阳电池的 J-V 特性曲线

$$J = J_0[\exp(qV/kT) - 1] - J_{sc} \tag{4.5}$$

式中，J_0 为暗电流密度；q 为电子电荷。假定二极管的理想因子为 1，则有

$$V_{oc} \approx (kT/q)\ln(J_{sc}/J_0) \tag{4.6}$$

在实际情形中，$J_{sc}/J_0 \gg 1$。其暗电流密度 J_0 为

$$J_0 = J_{0,\text{base}} + J_{0,\text{emitter}} \tag{4.7}$$

式中，$J_{0,\text{emitter}}$ 和 $J_{0,\text{base}}$ 分别为发射区和基区的暗电流密度，且有

$$J_{0,\text{base}} = q\frac{D_b}{L_b}\frac{n_i^2}{N_b}\left[\frac{(S_b L_b/D_b) + \tanh(x_b/L_b)}{S_b L_b/D_b \tanh(x_b/L_b) + 1}\right] \tag{4.8}$$

式中，n_i 为本征载流子浓度；D_b、L_b 和 S_b 分别为基区中载流子的扩散系数、扩散长度和表面复合速率；N_b 为基区中的掺杂浓度；x_b 为基区厚度。

叠层太阳电池中每一个 pn 结的 J-V 特性可由式 (4.5)~ 式 (4.8) 描述。若第 i 个 pn 结的暗电流密度和短路电流密度分别为 $J_{0,i}$ 和 $J_{sc,i}$，那么相应的电压则为 $V_i(J)$。将这些独立的 $V_i(J)$ 曲线相加，便可以得到式 (4.4)。最大功率点 $|J_{mp}, V_{mp}|$ 可在 $V(J)$ 曲线上的 $J \times V(J)$ 最大值处通过计算求出。

4.4 叠层太阳电池的转换效率分析

叠层太阳电池与单结太阳电池相比，影响转换效率的因素更为复杂。它不仅与禁带宽度、入射光子能量、表面和体内复合以及接触电极等有关，而且还与其他很多因素直接相关，如带隙组合、子电池厚度、隧穿结特性、中间反射层、光辐射强度以及电池温度等。下面，我们将以 GaInP/GaAs 双结太阳电池为例，具体分析影响叠层太阳电池转换效率的各种因素。

4.4.1　带隙组合

叠层太阳电池的转换效率与子电池的带隙组合密切相关。也就是说，选择最佳的带隙组合可以获得最高的转换效率。图 4.6 是以 GaInP/GaAs 双结太阳电池为模拟对象在 AM1.5 光照下所得到的转换效率等值线。其中，图 4.6(a) 和 (b) 是假设顶电池厚度分别为无限厚和优化的电池厚度。在最佳的带隙组合 $|E_{gt} = 1.75\mathrm{eV}$，$E_{gb} = 1.13\mathrm{eV}|$ 下，理论预测效率为 38%，此值远高于单结太阳电池 29% 的最高效率[9]。即使在 $|E_{gt} = 1.95\mathrm{eV}$，$E_{gb} = 1.42\mathrm{eV}|$ 的带隙组合下，其值也高于最好的单结太阳电池效率。对于 GaInP/GaAs 叠层太阳电池来说，GaAs 子电池的带隙 E_{gb} 是固定的 1.42eV，而 GaInP 子电池的带隙 E_{gt} 是从 1.85~1.95eV 变化的。当 E_{gt} 从 1.95eV 减小到 1.85eV 时，转换效率将从 35% 下降到 30%，这是由于顶电池和底电池的光电流对禁带宽度具有很强的依赖性。当 $E_{gt} = 1.95\mathrm{eV}$ 时，J_{sc} 具有最大的值；而当 E_{gt} 小于 1.95eV 时，J_{sc} 则迅速减小，因此会使叠层电池的效率大幅度下降。

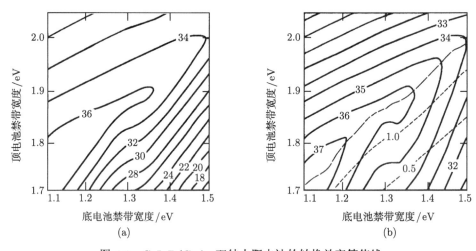

图 4.6　GaInP/GaAs 双结太阳电池的转换效率等值线

4.4.2　隧穿结特性

对于 GaInP/GaAs 叠层太阳电池而言，GaInP 和 GaAs 子电池之间的互联是在 GaInP 子电池的 P 型背场和 GaAs 子电池的 n 型窗口层之间提供一个低阻的连接。如果没有隧穿结互联，那么这个 pn 结会有极性或者正向电压，其方向与顶部和底部电池的正好相反。当电池受到光照时，产生的光电压大约与顶部电池的相当。一个隧穿结是一个简单的 p++n++ 结，其中 p++ 和 n++ 分别代表重掺杂或简并掺杂。该隧穿结的空间电荷区应该很窄，大约为 10nm。在正偏压条件下，通常的热电流特性会使载流子隧穿过窄的空间电荷区，从而使 pn 结短路。因此，隧穿

结的正向 I-V 特性如同一个纯电阻。当电流密度低于一个临界值时，称为隧穿电流峰值 J_p。J_p 可以表示为

$$J_p \propto \exp\left(-\frac{E_g^{3/2}}{\sqrt{N^*}}\right) \tag{4.9}$$

式中，E_g 为电池的禁带宽度；$N^* = N_A N_D/(N_A + N_D)$ 为有效掺杂浓度[10]。为了能使叠层太阳电池具有高的转换效率，一定要使 $J_p > J_{sc}$。如果 $J_{sc} < J_p$，隧穿电流特性会转变成以热电子发射起主导作用，结电压会上升至典型的 pn 结电压降。

4.4.3 子电池厚度

由于太阳电池有源区的吸收系数不是无限大，因此有限厚度的电池不会吸收所有的能量大于禁带宽度的入射光子。有些光会产生透射，而且电池厚度越薄透射光会越多。因此，对于一个双结叠层太阳电池，减薄顶电池厚度将会重新分配两个子电池之间的光吸收，在减小顶电池电流的同时增加底电池的电流，当顶电池厚度减薄至出现电流匹配状态时，电池将具有最高的转换效率。图 4.7 是当 $E_{gt} = 1.85\text{eV}$ 和 $E_{gb} = 1.42\text{eV}$ 时，GaInP/GaAs 双结太阳电池在 AM1.5 光照下的电流匹配特性。可以看出，当顶电池厚度为 $0.7\mu\text{m}$ 时，子电池电流匹配良好，串联电流呈现出最大值。在此厚度下，$J_{sc} = J_{sct} = 15.8\text{mA/cm}^2$。如此薄的电池能够吸收如此高比例的入射光，是由于 GaAs 直接带隙材料具有较大的光吸收系数所导致。当顶电池厚度减薄后，由于 J_{sc} 的增加，电池效率将从 30% 提高到 35%。

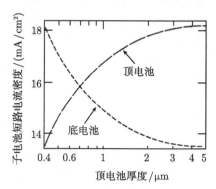

图 4.7　$E_{gt} = 1.85\text{eV}$ 和 $E_{gb} = 1.42\text{eV}$ 时 GaInP/GaAs 双结太阳电池的电流匹配特性

4.4.4 中间反射层

在叠层太阳电池中，为了能够达到顶电池和底电池之间的电流匹配，借以提高整体太阳电池效率的目的，需要在二者之间插入一个较薄的反射层。该反射层应具有较低的折射率和一定的电导特性。如果将它插入具有高折射率的顶电池和底电池之间，并进行适当调节，可以构成增强反射效果的宽带分布布拉格反射 (DBR)

结构。它的反射率 R_d 可表示[11] 为

$$R_d = \left(\frac{n_t - \left(\frac{n_{int}}{n_b} \right)^{2s} n_b}{n_t + \left(\frac{n_{int}}{n_b} \right) n_b} \right)^2 \tag{4.10}$$

式中，n_t、n_b 和 n_{int} 分别为构成 DBR 的 n+ 顶电池、p+ 底电池和中间层的折射率；s 为 DBR 的周期数。研究指出，选用具有低折射率的中间层后，可将从顶部透射过来的短波长光再次进行反射回去，从而使其得以重新吸收，这对改善叠层太阳电池的光伏性能是十分有利的。

4.4.5　光照射强度

叠层太阳电池一般是在聚光条件下使用。对于一个串联叠层光伏器件，在聚光条件下会使 J_{sc} 增加，由此将使 V_{oc} 增大，而 V_{oc} 的增大将使聚光条件下的电池效率有大幅度的提高。对于具有窄带隙的结来说，这种提高效率会更加明显。例如，对于一个双结 GaInP/GaAs 叠层太阳电池，在 1sun 照射下的 $V_{oc} = 2.4V$，而在 1000sun 照射下的 V_{oc} 会高达 2.76V，后者比前者提高了 15%；而对于一个三结 GaInP/GaAs/Ge 叠层太阳电池，在 1000sun 照射下的 V_{oc} 比 1sun 照射下的 V_{oc} 可以提高 21%。图 4.8 是在 AM1.5 照射下，GaInP/GaAs/Ge 三结太阳电池效率随聚光强度的变化[12]。

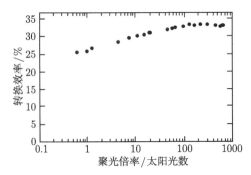

图 4.8　GaInP/GaAs/Ge 三结太阳电池效率随聚光强度的变化

4.4.6　电池温度

在聚光条件下工作的叠层太阳电池，随着光照强度的增加，电池温度会急剧上升，这将显著影响电池的光伏性能。其中，开路电压 V_{oc} 和转换效率 η 将随温度的增加而下降。由于叠层太阳电池的 V_{oc} 是子电池 V_{oc} 的简单相加，所以其温度系数 dV_{oc}/dT 同样也是各子电池 dV_{oc}/dT 的相加。仍以 GaInP/GaAs 双结电池为

例加以说明，GaInP 和 GaAs 子电池的 dV_{oc}/dT 约为 $-2mV/°C$，因此串联后的 $dV_{oc}/dT = -4mV/°C^{[13]}$。$V_{oc}$ 的温度依赖性可由下式表示，即

$$\frac{dV_{oc}}{dT} = -k\left(\gamma - \ln\frac{J_{sc}}{AT^{\gamma}}\right) \tag{4.11}$$

式中，A 为与材料性质相关的因子；γ 的值在 2～4 变化。由式 (4.11) 可知，随着温度的增加，V_{oc} 将线性减小。

与 V_{oc} 的温度依赖性相比，J_{sc} 的温度依赖性要复杂得多。例如，对于一个 GaInP/GaAs 叠层太阳电池，GaAs 子电池的 J_{sc} 不仅取决于 GaAs 的禁带宽度，而且还取决于 GaInP 的禁带宽度，因为 GaInP 子电池过滤了照射到 GaAs 子电池的太阳光。当叠层太阳电池温度上升时，GaAs 子电池的禁带宽度减小，其 J_{sc} 趋于增加；与此同时，GaInP 子电池的禁带宽度也减小。因此，降低了 GaAs 子电池 J_{sc} 随温度增加的依赖性。

4.5　III-V 族化合物材料的光伏性质

4.5.1　GaAs 材料

GaAs 是一种最具代表性的III-V族化合物半导体。它所具有的各种优异物理性质，使其在高速逻辑器件和光电子器件中都获得了成功应用。此外，高效率的单晶 GaAs 太阳电池也已在现代光伏技术中发挥了重要作用。GaAs 的主要物理性质体现在以下几个方面。① GaAs 的晶格结构为闪锌矿结构，具有直接跃迁性质，其禁带宽度为 1.42eV，处于太阳电池材料所需的最佳带隙范围。② 由于 GaAs 属于直接带隙结构，因而具有较大的光吸收系数。尤其是当光子能量大于禁带宽度时，光吸收系数急剧增加到 10^4cm^{-1} 以上。图 4.9 给出了单晶 GaAs 和单晶 Si 的光吸收系数随光照强度的变化。由图可以看出，在 1.5～3.0eV 的光子能量范围内，GaAs

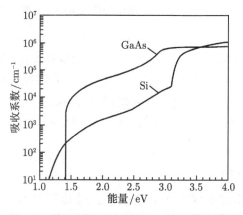

图 4.9　单晶 GaAs 和单晶 Si 的光吸收系数

比 Si 的光吸收系数要高出一个数量级左右。③ GaAs 太阳电池具有良好的抗辐射特性。实验结果指出，经过 1MeV 的高纯电子照射后，GaAs 太阳电池的转换效率仍能保持原值的 75% 以上。④ 此外，GaAs 太阳电池具有较小的温度系数，能在较高的环境温度下进行工作，其电池效率的温度系数 $\mathrm{d}\eta/\mathrm{d}T = -0.23/°\mathrm{C}$。

4.5.2 $Al_xGa_{1-x}As$ 材料

$Al_xGa_{1-x}As$ 是一种应用最广泛的III-V族三元合金材料，已在调制掺杂异质结、超晶格和量子阱结构中获得了成功应用。它是由III族元素的 Al 和 Ga 按一定组分配比与 V 族元素的 As 形成的合金材料。当利用 GaAs 和 AlAs 组成 $Al_xGa_{1-x}As$ 三元合金时，随着组分数 x 的增加，导带相对于价带的位置不断升高，但 Γ 极小值升高的速率比 X 极小值要快。当 AlAs 的组分增加到一定值后，$Al_xGa_{1-x}As$ 将由直接带隙变为间接带隙材料[14]。图 4.10 给出了 Γ、X、L 三个导带极小值相应的禁带宽度随组分数 x 的变化，图中的 ○ 表示直接–间接转折点的范围。

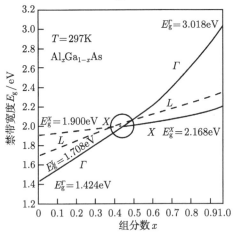

图 4.10 $Al_xGa_{1-x}As$ 合金的禁带宽度应随组分数 x 的变化

当由两种不同禁带宽度和晶格常数的材料形成异质结时，界面的晶格匹配特性对于异质结的物理性质具有很大影响。对于光伏器件来说，界面晶格失配会产生缺陷和失配位错，因而会形成复合中心，这对光伏器件转换效率的提高是十分不利的。GaAs 和 AlAs 的晶格常数分别为 5.653Å和 5.662Å，而 $Al_xGa_{1-x}As$ 的晶格常数在二者之间变化，因而晶格匹配特性良好，可用于高效率 $Al_xGa_{1-x}As/GaAs$ 叠层太阳电池的制作。

4.5.3 $Ga_xIn_{1-x}P$ 材料

GaInP 是一种由III族的 Ga 和 In 按一定组分比与 V 族的 P 形成的合金材料，是除了 $Al_xGa_{1-x}As$ 之外的另一种与 GaAs 具有晶格匹配的材料。$Ga_xIn_{1-x}P$ 的晶

格常数与其组分数 x 呈线性变化关系，即

$$a_{\mathrm{Ga}_x\mathrm{In}_{1-x}\mathrm{P}} = xa_{\mathrm{GaP}} + (1-x)a_{\mathrm{InP}} \tag{4.12}$$

式中，a_{GaP}=0.545nm，a_{InP}=0.586nm，它们分别是 GaP 和 InP 的晶格常数。当 x=0.516 时，$\mathrm{Ga}_{0.516}\mathrm{In}_{0.484}\mathrm{P}$ 与 GaAs 晶格匹配良好。

一般而言，合金材料的禁带宽度主要与组分数 x 有关。但 $\mathrm{Ga}_x\mathrm{In}_{1-x}\mathrm{P}$ 合金的带隙具有更复杂的依赖性，它不仅与组分数 x 有关，而且还与 Ga 和 In 在III族亚点阵中的有序性直接相关。研究指出，$\mathrm{Ga}_x\mathrm{In}_{1-x}\mathrm{P}$ 的禁带宽度变化 ΔE_{g} 与 $\mathrm{Ga}_x\mathrm{In}_{1-x}\mathrm{P}$ 的有序参数之间存在如下关系[15]

$$\Delta E_{\mathrm{g}} = -130\eta^2 + 30\eta^4 \quad (\mathrm{meV}) \tag{4.13}$$

式中，η 为长程有序参数。此外，$\mathrm{Ga}_x\mathrm{In}_{1-x}\mathrm{P}$ 的禁带宽度还与具体的工艺条件 (如衬底温度、生长速率、气体压强以及掺杂浓度等因素) 有关。

4.6 几种主要的III-Ⅴ族化合物叠层太阳电池

4.6.1 AlGaAs/GaAs 双结太阳电池

AlGaAs/GaAs 叠层太阳电池是人们较早开始研究的III-Ⅴ族化合物叠层太阳电池。早在 1988 年，Chung 等[16]就采用 MOCVD 工艺在 0.5cm² 的 GaAs 衬底上制作了 AlGaAs/GaAs 双结太阳电池，AM1.5 照射下的转换效率达到了 23.9%。但是，由于该叠层太阳电池是采用复杂的电极结构作为电池的功率输出，而没有采用隧穿结互连方式，因此以后的发展遇到了极大困难。其后，日本电信电话公司利用 MBE 技术制作了由隧穿结连接的 $\mathrm{Al}_{0.4}\mathrm{Ga}_{0.6}\mathrm{As}$/GaAs 叠层太阳电池，获得了 20.2% 的转换效率。2001 年，日本日立公司采用 MOCVD 工艺，以 n^+-$\mathrm{Al}_{0.15}\mathrm{Ga}_{0.85}\mathrm{As}$/$\mathrm{p}^+$-GaAs 作为隧穿结，制作出了效率高达 27.6% 的 $\mathrm{Al}_{0.36}\mathrm{Go}_{0.64}\mathrm{As}$/GaAs 叠层太阳电池，从而使 AlGaAs/GaAs 叠层太阳电池的研究出现了新的转机。2005 年，该公司的 Takahashi 等[17]采用 Se 代替 Si 作为 n 型掺杂剂，进一步提高了隧穿结的峰值电流密度，使电池效率提高到了 28.85%。2012 年，西班牙的 Garcia 等[18]以 Te 作为 n 型掺杂剂、以 C 作为 P 型掺杂剂制作了 n^{++}-GaAs/P^{++}-AlGaAs 隧穿结，实现了 10100A/cm² 的超高峰值隧穿电流密度，在零伏偏置电压下的串联电阻仅为 $1.6\times10^{-5}\Omega\cdot\mathrm{cm}^2$，这意味着该隧穿结可用于高效率叠层太阳电池的制作。图 4.11 给出了该隧穿结二极管在退火前后的 J-V 特性。由图可以看出，对于直接生长的隧穿结，在 0.3V 的偏压下获得了 $J_{\mathrm{p}} = 10100\mathrm{A/cm}^2$ 的超高峰值隧穿电流密度，而当在 695°C 的温度中退火 30min 后，同样偏压下的峰值电流密度急剧下降到 3501A/cm²。

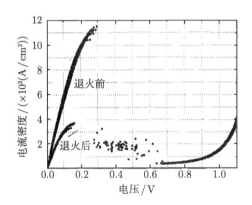

图 4.11 n^{++}-GaAs/p^{++}-AlGaAs 隧穿结在退火前后的 J-V 特性

4.6.2   GaInP/GaAs 双结太阳电池

20 世纪 80 年代末期, 美国国家可再生能源实验室 (NREL) 的 Olson 等提出了另外一种新的III-V族化合物叠层太阳电池结构, 即 $Ga_xIn_{1-x}P$/GaAs 叠层电池。实验发现, 由于 GaInP 与 GaAs 的界面质量很好, 因此界面载流子复合速率很小。1990 年, Olson 的小组报道了 $Ga_{0.5}In_{0.5}P$/GaAs 叠层太阳电池的研究结果, 其AM1.5 效率达到了 27.3%[19]。1994 年, 他们又对 $Ga_{0.5}In_{0.5}P$/GaAs 叠层电池作了进一步改进, 将顶电池厚度从 0.6μm 减薄到了 0.5μm, 并且采用了背场结构, 从而使其 AM1.5 效率提高到了 29.5%[20]。1997 年, 日本能源公司的 Takamoto 等[21] 报道了更好的研究结果, 他们在 P^+-GaAs 衬底上制备了面积为 $4cm^2$ 的 InGaP/GaAs双结太阳电池, AM1.5 效率高达 30.28%。与 Olson 等的电池结构相比, Takamoto等主要是用 InGaP 隧穿结取代了 GaAs 隧穿结, 因此进一步增加了短路电流和开路电压。

最近, Kang 等[22] 研究了用于 GaInP/GaAs 叠层太阳电池制作的 GaAs 隧穿结的掺杂特性, 进而指出, 采用 Te 代替 Si 作为 n 型掺杂剂, 可以有效提高叠层太阳电池的转换效率。例如, 当在 GaAs 隧穿结中掺 $9 \times 10^{18} cm^{-3}$ 的 Si 作为 n 型掺杂剂和在 GaInP 中掺 $1 \times 10^{20} cm^{-3}$ 的 C 作为 P 型掺杂剂时, 获得叠层太阳电池的$J_{sc} = 12.39 mA/cm^2$、$V_{oc} = 2.40V$、$FF = 0.837$ 和 $\eta = 25.53\%$; 而当以 $1 \times 10^{19} cm^{-2}$的 Te 作为 n 型掺杂剂和以 $1 \times 10^{20} cm^{-3}$ 的 C 作为 P 型掺杂剂时, 获得叠层电池的 $J_{sc} = 14.13 mA/cm^2$、$V_{oc} = 2.34V$、$FF = 0.851$ 和 $\eta = 28.03\%$。由此说明, 采用Te 作为 n 型掺杂剂比 Si 更为适宜, 因为它可以进一步减小隧穿结的电阻和提高峰值隧穿电流密度。图 4.12(a) 和 (b) 分别给出了 n-GaAs(Te)/P-GaInP(C) 叠层太阳电池的结构和 J-V 特性。

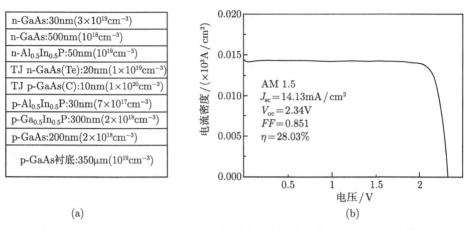

图 4.12 n-GaAs(Te)/P-GaInP(C) 叠层太阳电池的结构 (a) 和 *J-V* 特性 (b)

4.6.3 GaInP/GaAs/Ge 三结太阳电池

美国能源部光伏中心于 1995 年提出了 GaInP/GaAs/Ge 三结太阳电池结构，小批量生产的太阳电池平均效率为 22.4%，最高效率为 24.1%。1998 年，美国 SPL 公司和日本能源公司都研制成功了效率高达 31.5%的 GaInP/GaAs/Ge 三结太阳电池。2002 年，美国 SPL 公司又将电池效率提高到了 32%。2008 年，Geisz 等[23] 采用组分渐变的 $Ga_xIn_{1-x}P$ 材料制作了倒置型 $Ga_{0.5}In_{0.5}P/GaAs/In_{0.3}Ga_{0.7}As$ 三层叠层电池，其最高效率达到了 38.9%。其后，该小组又进一步改进了电池结构，选取 1.83eV/1.34eV/0.89eV 的优化带隙组合，在 $0.1cm^2$ 的器件面积上获得了 $V_{oc} = 3.28V$ 和 $\eta = 40.8\%$的优异光伏特性。与此同时，King 等[24] 采用 GaInP/GaAs/Ge 结构，在 240sun 光照射下获得了 41.7%的转换效率。2012 年，Cui 等[25] 也采用 MOCVD 方法制作了 GaInP/GaAs/Ge 三结太阳电池，获得了 28%的转换效率。与此同时，该小组在 30~130°C 的温度范围内研究了该叠层太阳电池的温度依赖性，证实 J_{sc}、V_{oc} 和 *FF* 的温度系数分别为 9.8$(\mu A/cm^2)/°C$、$-5.6mV/°C$ 和 $-0.000\,63/°C$。Yang 等[26] 也研究了 InGaP/(In)GaAs/Ge 三结太阳电池的温度依赖性，其转换效率的温度系数为 $-0.055/°C$。图 4.13 给出了该太阳电池光伏参数的温度依赖关系。

在 GaInP/GaAs/Ge 三结太阳电池的研制过程中，人们发现，如果在 GaAs 和 Ge 结之间再增加一个第四结，可以显著提高叠层太阳电池的转换效率，预计这种四结太阳电池的效率可以大于 50%。其后的研究证实，最有希望的第四结材料是 GaInNAs 合金，因为 $Ga_{1-x}In_xAs_{1-y}N$ 可以实现的带隙为 1eV，而且与 GaAs 晶格匹配。2010 年，所研制的 GaInP/GaAs/GaInAs 三结太阳电池效率达到了 41.04%。最近研制的 GaInP/GaAs/GaInNAs 叠层太阳电池的效率，在 400~600sun 条件下可高达 43.5%。这是迄今为止所获得的最高叠层太阳电池转换效率[27]。

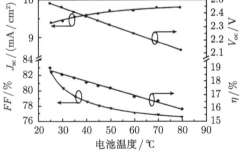

图 4.13   太阳电池光伏参数的温度依赖关系

4.6.4   I-III-VI族化合物叠层太阳电池

I-III-VI族化合物主要指 $CuInSe_2$、$CuGaTe_2$、$AgInTe_2$ 以及 $AgGaTe_2$ 等材料体系。与III-V族化合物体系相比，I-III-VI材料可以形成一系列多元合金固体。就禁带宽度而言，Cu 基黄铜矿化合物为 0.9~2.9eV，Ag 基黄铜矿化合物为 0.6~3.1eV。理论计算表明，优化的叠层太阳电池的带隙组合是顶电池应为 1.7eV 和底电池应为 1.14eV。

2002 年，Marsillac 等[28] 采用表面 In 改性的 CuGaSe 薄膜制备了转换效率为 10.2%的太阳电池，然后制作了 $CuInSe_2/CuGaSe_2$ 叠层太阳电池，其转换效率达到了 15.2%。2006 年，Nakada 等[29] 以 $Ag(In_{0.2}Ga_{0.8})Se_2$ 作为顶电池，以 $Cu(In、Ga)Se_2$ 作为底电池，制备了开路电压 $V_{oc} = 1.46V$ 的叠层电池，通过采用高迁移率的 Mo 掺杂 In_2O_3 和低 Ga 含量的底电池吸收层，优化了器件的结构与性能，使电池的转换效率达到了 8%。

参 考 文 献

[1]   熊绍珍, 朱美芳. 太阳能电池基础与应用. 北京: 科学出版社, 2009

[2]   Henry C H. J. Appl. Phys., 1980, 51:4494

[3]   小长井诚, 山口真史, 近藤道雄. 太阳电池的基础与应用. 东京: 培风馆, 2010

[4]   彭英才, 于威, 等. 纳米太阳电池技术. 北京: 化学工业出版社, 2010

[5]   Green M A. Proceedings of the Third Word Conference on PV Energy Conversion. Osaka, Japan, 2003: 50-54

[6]   Ning C Z, Pan A L, Liu R B. 34th IEEE Photovoltaic Specialists Conference, 2009

[7]   Luque A, Hegedus S, 等. 光伏技术与工程手册. 王文静, 李海珍, 周春兰, 等译. 北京: 科学出版社, 2011

[8]   Friedman D J, Olson J M. Proy. Photovolt: Res Appl., 2001, 9:179

[9]   Nell M, Barnett A. IEEE Trans. Electron Devices, 1987, 34:257

[10] Sze S. Physics of Semiconductor Devices. New York: Wiley, 1969

[11] Kyc J. Smole F, Topic M. Sol. Energy Mater. Sol. Cell., 2005, 86:537

[12] King R. 29th IEEE Photovoltaic Specialists conference, 2002, 776

[13] Friedman D. 25th IEEE Photovolataic Specialists Conference, 1996, 89

[14] 虞丽生. 半导体异质结物理. 北京: 科学出版社, 2006

[15] Kurimoto T, Harnada N. Phys. Rev., 1989, B40:3889

[16] Chung B C, Virshup G F. Appl. Phys. Lett., 1988, 52:1889

[17] Takahashi K, Yamada S, Minagawa Y, et al. Sol. Energy Mater Sol. Cell, 2001, 66:517

[18] Garcia I, Stolle I R, Algora C. J. Phys. D: Appl. Phys., 2012, 45:045101

[19] Olson J M, Kurtz S R, Kibbler A E, et al. Appl. Phys. Lett., 1990, 56:623

[20] Bertness K A, Kurtz S R, Firedman D J, et al. Appl. Phys. Lett., 1994, 65:989

[21] Takamoto T, Ikeda E, Kurita H, et al. Appl. Phys. Lett., 1997, 70:381

[22] Kang H K, Park S H, Jun D H, et al. Semicond. Sci. Technol., 2011, 26:075009

[23] Geisz J F, Friedman D J, Ward J S, et al. Appl. Phys. Lett., 2008, 93:123505

[24] King R R, Law D C, Edmondson K M, et al. Appl. Phys. Lett., 2007, 90:183516

[25] Cui M, Chen N F, Yang X L, et al. Journal of Semiconductors, 2012, 33:024006

[26] Yang W C, Lo C, Wei C Y, et al. IEEE Trans. Electron Device Letters, 2011, 32:1412

[27] Wiemer M, Sabnis V, Yuen H. Proc. SPIE, 2011, 810804

[28] Marsillac S, Paulson P D, Haimbodi M W, et al. Appl. Phys. Lett., 2002, 81:1350

[29] Nakada T, Kijima S, Kuromiya Y, et al. Proc. IEEE PVSC, 2006, 400

第5章　量子阱太阳电池

在第4章中，我们主要讨论了Ⅲ-Ⅴ族化合物叠层太阳电池。它是利用具有不同禁带宽度的材料组成多个 pn 结，借以拓宽对太阳光谱的能量吸收范围。这进一步启示人们设想，如果采用现代能带工程制作多量子阱结构，通过改变势阱宽度和势垒高度与厚度，进而对其能带特性进行合理调控，同样可以达到扩展对太阳光谱的能量吸收范围的目的。这就是所谓的量子阱太阳电池，可以说它是叠层太阳电池的演变与发展。

量子阱太阳电池是由 Barnham 和 Duggan 于 1990 年首先提出的。与叠层太阳电池相比，量子阱太阳电池具有某些物理优势：①通过改变组成量子阱材料的组分数、势阱层宽度和势垒层厚度，可以方便地调控其禁带宽度和量子化能级间距；②多量子阱结构中的界面缺陷相对较少，这将有效减少界面非辐射复合中心，由此可使暗电流进一步降低；③更重要的是，多量子阱太阳电池无需像叠层太阳电池那样，要在每个子电池中制作一个高浓度掺杂的超薄隧穿结，因而大大降低了工艺难度。但需指出的是，目前所制作的各种量子阱太阳电池，其转换效率还相对较低。

本章将首先讨论量子阱太阳电池的结构组态、光伏性能、光谱响应和量子阱中的载流子逃逸等问题；然后介绍几种主要的量子阱太阳电池、如 InGaAs/GaAs 量子阱太阳电池、InGaN/GaN 量子阱太阳电池和 Si/SiO$_2$ 超晶格太阳电池等。

5.1　量子阱中电子跃迁的选择定则

如同体材料一样，量子阱中的光吸收也是由电子跃迁引起的。有所不同的是，量子阱中的电子跃迁不仅发生在价带顶与导带底之间，而且还可以发生在量子阱中的量子化能级之间，这意味着量子阱可以吸收具有不同波长的光子能量。也就是说，采用量子阱结构作为太阳电池的有源区可以拓宽对太阳光谱的能量吸收范围。

在量子阱中，电子的能量为[1]

$$E_{c,n} = E_c(n) + \frac{\hbar^2}{2m_e^*}(k_x^2 + k_y^2) \tag{5.1}$$

而空穴的能量为

$$J_{v,n'} = E_g^{3D} + E_v(n') + \frac{\hbar^2}{2m_h^*}(k_x^2 + k_y^2) \tag{5.2}$$

式中，n 和 n' 分别对应电子和空穴的量子数。

根据量子力学中的薛定谔方程，与式 (5.1) 和式 (5.2) 相对应的本征波函数分别为

$$\psi_c = \varphi_c(z)e^{i(k_x x + k_y y)}\phi_c \tag{5.3}$$

$$\psi_v = \varphi_v(z)e^{i(k_x x + k_y y)}\phi_v \tag{5.4}$$

式 (5.3) 和式 (5.4) 中，$\psi_c(z)$ 和 $\psi_v(z)$ 分别为电子和空穴的波函数；$\varphi_c(z)$ 和 $\varphi_v(z)$ 分别为导带底和价带顶的布洛赫函数。

从价带势阱到导带势阱的跃迁动量为

$$\langle \psi_c | P | \psi_v \rangle = \langle \varphi_c(z) | \varphi_v(z) \rangle \times \langle \phi_c | P | \phi_v \rangle \tag{5.5}$$

式 (5.5) 可以导出跃迁选择定则

$$n = n' \tag{5.6}$$

$$\Delta n = 0 \tag{5.7}$$

图 5.1 给出了量子阱中电子跃迁的选择定则。跃迁能量可由下式给出，即

$$\Delta E_{n,n'} = E_g^{3D} + E_{c,n} + E_{v,n} + \frac{\hbar^2}{2}\left(\frac{1}{m_e^*} + \frac{1}{m_h^*}\right)(k_x^2 + k_y^2) \tag{5.8}$$

令 $k_x=0$、$k_y=0$，式 (5.8) 可变为

$$\Delta E_{n,n'} = E_g^{3D} + E_{c,n} + E_{v,n} \tag{5.9}$$

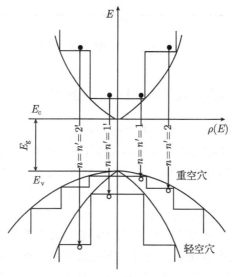

图 5.1　量子阱中电子跃迁的选择定则示意图

5.2   量子阱太阳电池的结构组态与能带特性

所谓量子阱是具有不同禁带宽度的两种或两种以上半导体材料利用 MBE 或 MOCVD 方法制备的多层超薄异质结构。在这种量子阱结构中，窄带隙材料充当量子阱，宽带隙材料充当势垒层。图 5.2 给出了一个典型的 p-i-n 型多量子阱能带图[2]。该量子阱的基质材料为 GaAs，用来作为 n 型和 p 型层。i 区由带隙较窄的 $In_xGa_{1-x}As$ 作为量子阱，其阱层宽度约为 7nm，共有 65 层组成，其势垒层则由 $GaAs_{1-y}P_y$ 充当。$In_xGa_{1-x}As(x=0.1\sim0.2)$ 势阱的带隙较窄，但具有较大的晶格常数，所以在界面处将产生压缩应变。与此相反，由于 $GaAs_{1-y}P_y(y\approx0.1)$ 势垒的禁带较宽，但具有较小的晶格常数，所以将在界面处产生拉伸应变。研究指出，当 $y\approx0.1$ 时，$GaAs_{1-y}P_y$ 禁带宽度约为 1.5eV；当组分数 x 分别为 0.1 和 0.17 时，$In_xGa_{1-x}As$ 的带隙能量分别为 1.28eV 和 1.34eV。这说明，通过改变组分数 x 和 y，可以灵活调控 $In_xGa_{1-x}As$ 和 $GaAs_{1-y}P_y$ 的禁带宽度。

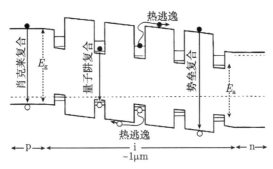

图 5.2   一个典型的 p-i-n 型多量子阱能带结构

5.3   量子阱太阳电池的光电流密度与转换效率

在光照射和电注入条件下，将在量子阱太阳电池中产生电子–空穴对。其后，电子和空穴会经历如下两种输运过程：一种是电子和空穴的逃逸过程，即量子阱中的电子和空穴分别从导带和价带的量子化能级进行热逃逸，并各自被 n 型和 p 型区收集，从而对光电流和光电压产生贡献；另一种则是电子与空穴的复合过程，这种复合又包括以下三种，即量子阱中的复合、势垒层中的复合以及 n 型和 p 型层中的理想肖克莱复合。这几种复合过程将成为暗电流的主要来源。图 5.3 给出了发生在量子阱太阳电池中的暗电流密度与外加偏压的依赖关系。其中，实线为量子阱中的理想肖克莱辐射复合，点划线为 Shockley – Read – Hall (SRH) 复合，圆点数据是在 200sun 照射下测试得到的暗电流密度[3]。

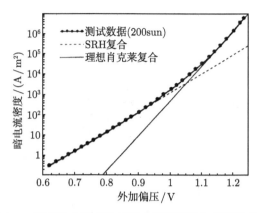

图 5.3 量子阱太阳电池的暗电流密度外加偏压的关系

进一步，我们可以给出量子阱太阳电池中的电流密度表达式。其光电流密度可利用电流叠加原理表示，即

$$J = J_{d} - J_{sc} \tag{5.10}$$

式中，J_d 为暗电流密度；J_{sc} 为短路电流密度。其中，J_d 可由下式给出，即

$$J_{d} = A \exp\left(\frac{-E_{b}}{\gamma kT}\right) \left[\exp\left(\frac{qV}{nkT}\right) - 1\right] \tag{5.11}$$

式中，E_b 为势垒层的禁带宽度，它支配着暗饱和电流的大小；γ 和 n 为理想因子；A 为与器件结构和材料相关的比例常数。

短路电流密度的表达式如下

$$J_{sc} = QqN(E_{a}) \tag{5.12}$$

式中，Q 为量子效率；$N(E_a)$ 为单位时间内和单位面积上入射的能量大于势阱带隙 E_a 的光子数目。因此，开路电压可表示为

$$qV_{oc} = n\left[\frac{E_{b}}{\gamma} - kT\ln\left(\frac{A}{J_{sc}}\right)\right] \tag{5.13}$$

由上述简单讨论可以看出，量子阱太阳电池的 J_{sc} 主要取决于阱层的有效吸收带隙 E_a，因为它直接关系到量子阱中载流子的热逃逸；而 V_{oc} 不仅取决于基质材料的带隙 E_b，而且还与 A/J_{sc} 的比值相关。一般来说，量子阱太阳电池的 V_{oc} 将低于不含有多量子阱的基质材料太阳电池的 V_{oc}。

为了提高量子阱太阳电池的转换效率，应尽量减小暗电流而增大短路电流，这就需要有效减少其中的各种复合，包括辐射复合与非辐射复合。图 5.4 给出了一个

包括 50 个量子阱的太阳电池的标准转换效率随聚光强度的变化。在 200sun 光照条件下, 量子阱太阳电池可以获得 (26±1)%的转换效率[4]。

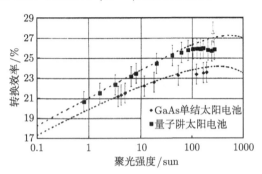

图 5.4　具有 50 个浅量子阱太阳电池的转换效率与聚光强度的关系

5.4　量子阱中载流子的逃逸与收集

5.4.1　载流子的逃逸过程

理论研究已经指出, 量子阱太阳电池比单结甚至多结太阳电池更有潜力增强转换效率。但目前尚未真正实现这种具有高效率的太阳电池, 其中一个主要的问题是没有很好地解决量子阱中的载流子逃逸问题。为了能够产生光电流, 电子和空穴必须在被电极收集之前克服封闭势垒而进行逃逸, 这种逃逸过程是载流子通过热电离发射或热辅助隧穿完成的, 没有被收集的载流子将通过辐射复合或非辐射复合被损失掉。早期的工作认为, 从量子阱太阳电池中获得的载流子收集效率被认为是与穿过量子阱区域的内建电场有关。当内建电场小于一个临界电场时, 会减少载流子收集效率, 从而降低太阳电池的开路电压; 当内建电场大于临界值时, 将会增加开路电压和光电流密度。研究发现, 这个内建电场值约为 (32±2)kV/cm。

发生在量子阱中的载流子逃逸和复合, 是两种互相竞争与制约的输运过程。为了增强量子阱太阳电池的转换效率, 应该最大限度地抑制其中的复合过程, 使具有足够数量的光生载流子进行热逃逸并被有效收集。这就需要在量子阱和势垒层材料的选择、量子阱数量的设计以及势垒层高度和厚度的控制方面进行优化考虑。

5.4.2　载流子的逃逸时间

为了能够定量地研究量子阱中的载流子逃逸过程, 可以从确定其逃逸时间入手。在一定的温度和电场强度下, 设在给定子能带中的载流子浓度为 N, 则载流子由于复合而造成的损失速率为[5]

$$\frac{N}{\tau} = N\left(\frac{1}{\tau_{\text{recomb}}} + \frac{1}{\tau_{\text{escape}}}\right) = N\left(\frac{1}{\tau_{\text{rad}}} + \frac{1}{\tau_{\text{nonrad}}} + \frac{1}{\tau_{\text{t}}} + \frac{1}{\tau_{\text{th}}}\right) \tag{5.14}$$

式中，τ_{recomb} 为复合时间，它由辐射复合时间 τ_{rad} 和非辐射复合时间 τ_{nonrad} 组成；τ_{escape} 为逃逸时间，它由隧穿逃逸时间 τ_t 和热电离逃逸时间 τ_{th} 组成。在没有复合的情形下，从封闭量子阱中逃逸的载流子数可由下式给出，即

$$\frac{N}{\tau_{\text{escape}}} = \frac{N}{\tau_t} + \frac{N}{\tau_{\text{th}}} \tag{5.15}$$

其中，τ_t 和 τ_{th} 又可分别由以下两式表示，即

$$\frac{1}{\tau_t} = \frac{1}{W^2}\frac{\pi n\hbar}{2m_{\text{w}}^*}\exp\left(-\frac{2}{\hbar}\int_0^b\sqrt{2m_{\text{b}}^*[qV(z) - E_n - qF_z]}\mathrm{d}z\right) \tag{5.16}$$

$$\frac{1}{\tau_{\text{th}}} = \frac{1}{W}\sqrt{\frac{kT}{2\pi m_{\text{w}}^*}}\exp\left[-\frac{E_{\text{barr}}(F)}{kT}\right] \tag{5.17}$$

式中，m_{w}^* 为量子阱中载流子的有效质量；m_{b}^* 为势垒层中载流子的有效质量；W 为量子阱宽度；b 为势垒层宽度；$E_{\text{barr}}(F)$ 为第 n 个子能带的势垒高度；$V(z)$ 为任意势；F_z 为电场强度。在有电场 F 存在的情形下，$E_{\text{barr}}(F)$ 可写成

$$E_{\text{barr}}(F) = \Delta E_{\text{c,v}} - E_n - q\frac{FW}{2} \tag{5.18}$$

式中，$\Delta E_{\text{c,v}}$ 为导带或价带的带边失调值；E_n 为从势阱中心确定的第 n 个子能带的能量；q 为电子电荷。从式 (5.16) ~ 式 (5.18) 可以看出，逃逸时间与量子阱中的电场强度、势阱宽度、带边失调值以及子能带能量密切相关。

5.4.3 调制多量子阱中的载流子逃逸

由上面的分析可以看到，为了增加载流子的逃逸速率，适当降低势垒高度 (带边失调值 $\Delta E_{\text{c,v}}$) 是一条可行途径。为此，Okada 等提出了一个 "类台阶式调制量子阱" 方案。图 5.5(a) 是一个在内建电场下具有 "二台阶调制量子阱" 的能带示意图[6]。可以预计，这种量子阱结构能够减少辐射复合损耗，并具有较高的载流子逃

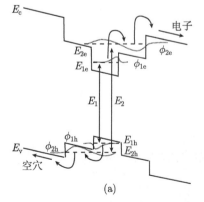

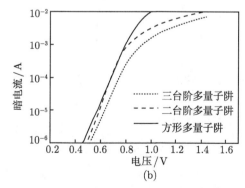

图 5.5 二台阶调制量子阱的能带图 (a) 和不同形状势阱的暗电流与外加偏压的关系 (b)

逸速率。每个台阶的高度可以设定为 40meV, 此时载流子的收集效率可接近 100%。
需要指出的是, 台阶式调制量子阱可以增加光生载流子的逃逸数量, 但同时也会增
加非辐射复合。图5.5(b) 给出了具有三台阶量子阱、二台阶量子阱和常规方形势阱
的暗电流与外加偏压的依赖关系。由图可以看出, 在 0.5~1.4V 的偏压范围内, 三台
阶量子阱具有最小的暗电流密度, 这是由于三台阶量子阱具有更小的激活能 E_A。

5.5   量子阱太阳电池的光谱响应与量子效率

良好的光谱响应特性是量子阱太阳电池的一个主要物理特点, 这主要是由于
它的光吸收波长可以通过势阱材料和势阱宽度的选择加以实现。图 5.6(a) 给出了
一个具有 50 个浅势阱的 GaAsP/InGaAs 量子阱太阳电池的光谱响应特性。其中,
作为势阱的 $In_xGa_{1-x}As$ 层厚为 7nm, 组分数 x 为 0.1。由图可以看出, 该量子阱
太阳电池在 400~950nm 波长范围内具有很好的光谱响应特性, 尤其是在 800nm 波
长, 其外量子效率高达 90%以上。图 5.6(b) 则给出了一个 GaInNAs/GaAs 多量子
阱太阳电池的光谱响应特性。图中的曲线①是 GaAs 单结太阳电池的光谱响应曲
线, 其波长吸收范围在 450~900nm, 外量子效率为 40%; 曲线②为 GaInNAs/GaAs
多量子阱的光谱响应曲线。该量子阱太阳电池的光谱响应可分为三个区域。①在
450~600nm 波长范围, 光子能量主要被宽带隙的窗口层所吸收, 在 n 型发射区产
生的空穴少数载流子必须穿过结区, 才能对光电流产生贡献。由于 GaInAs 材料由
N 稀释后, 价带的带边失调值减小, 量子阱对少数载流子空穴输运的影响是很小
的。②对于大于 600~900nm 的波长范围, 透射过发射区的载流子数增加, 因而增
大了来自于量子阱和电池基区的光电流; 当吸收波长增加到 900nm 时, 外量子效
率急剧下降, 这是由于光生载流子的逃逸概率迅速减小的缘故。③在 900~1025nm

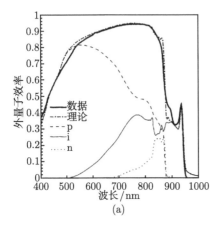
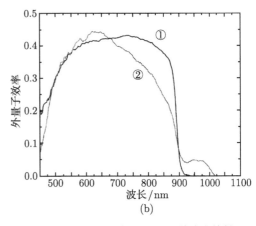

图 5.6   GaAsP/InGaAs 量子阱 (a) 和 GaInNAs/GaAs 量子阱 (b) 的光谱响应特性

的波长范围，与 GaAs 太阳电池相比显然是拓宽了吸收波长，这主要是由于 GaIn-NAs 的带隙能量小于 GaAs，以至于量子阱可以吸收该红外波长的能量，但其量子效率是比较低的[7]。

5.6 不同结构类型的量子阱太阳电池

5.6.1 SiO$_2$/Si 量子阱太阳电池

SiO$_2$/Si 量子阱太阳电池是以 Si 层作为量子阱和以 SiO$_2$ 层作为势垒层形成的太阳电池。图 5.7(a) 给出了一个 SiO$_2$/Si 多量子阱的能带图。2009 年，Kirchartz 等[8] 采用第一原理，在假定 Si 层厚度 W_{Si}=1.08nm 和 SiO$_2$ 层厚度 W_{SiO_2}=1.41nm 的条件下，理论计算了该太阳电池的极限转换效率。图 5.7(b) 是对于一个 p-i-n 结构 SiO$_2$/Si 量子阱太阳电池，在吸收层厚度为 300nm 的条件下计算得到的 J-V 特性，其中短路电流密度 J_{sc}=18mA/cm^2，开路电压 V_{oc}=1.5V。更进一步，他们还研究了载流子寿命 τ 对 SiO$_2$/Si 量子阱太阳电池光伏特性的影响。由图 5.7(c) 可以看出，在 τ<1ns 时，短路电流密度随 τ 的增加而迅速增大；当 τ>1ns 时，短路电流密度趋于饱和，不再随 τ 发生变化。

由图 5.7(d) 可以看到，开路电压基本随 τ 单调增加。填充因子与 τ 的依赖关系呈现出与短路电流密度相似的变化趋势，如图 5.7(e) 所示。转换效率与 τ 具有两种不同的依赖关系：当 τ<1nm 时，转换效率随 τ 增加速度较快；而当 τ>1nm 时，转换效率随 τ 的增加则变缓。这种趋势是由 J_{sc}、V_{oc} 和 FF 与 τ 的依赖性共同决定的，如图 5.7(f) 所示。

载流子寿命可由下式给出，即

$$\tau = \frac{W}{2R} + \frac{W^2}{l\pi^2} \tag{5.19}$$

式中，W 是整个晶片的厚度；R 为表面复合速率；l 为少数载流子扩散长度。当

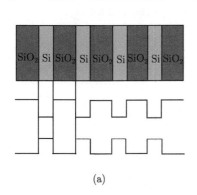

(a)

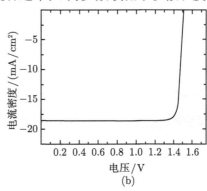

(b)

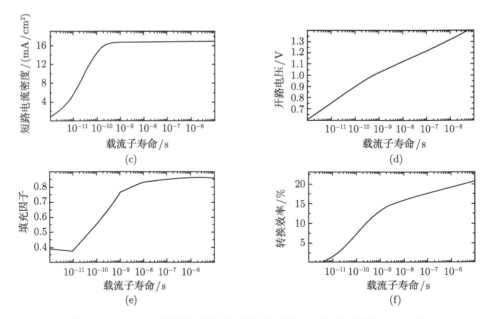

图 5.7　SiO$_2$/Si 量子阱太阳电池的能带形式 (a) 与光伏特性 (b)~(f)

$W = 2\mathrm{nm}$ 和 $R = 10\mathrm{cm/s}$ 时，$\tau = 100\mathrm{ps}$。从图 5-7(c)~(f) 可以看出，当 $\tau = 100\mathrm{ps}$ 时，$J_{sc} \approx 16\mathrm{mA/cm}^2$、$V_{oc} \approx 1.2\mathrm{V}$、$FF \approx 0.85$ 和 $\eta \approx 18\%$。

　　为了改善 Si 基多量子阱中的电荷输运特性，Berghoff 等[9,10] 研究了发生在 SiO$_x$/Si 多量子阱中的垂直电荷输运过程，获得了一个令人感兴趣的结果。实验指出，在对量子阱进行热退火处理之后，过剩的 Si 将从 SiO$_x$ 层中分离析出，并在部分区域形成有利于载流子在 Si 量子阱和超薄 SiO$_x$ 层之间输运的电导通路。与化学计量的 SiO$_2$/Si 叠层结构相比，其电导率大大增加，从而有效增强了光伏器件中的载流子抽取特性。图 5.8(a) 和 (b) 分别给出了退火的 SiO$_x$/Si 量子阱和直接生长

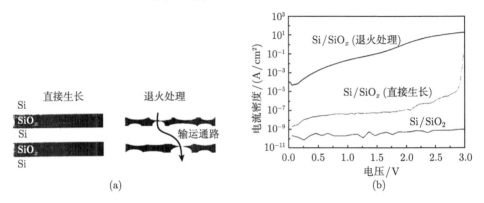

图 5.8　SiO$_x$/Si 量子阱在退火前后的结构形式 (a) 和 J-V 特性 (b)

的 SiO_x/Si 量子阱的结构形式与 J-V 特性。显而易见，SiO_x/Si 量子阱比 SiO_2/Si 量子阱具有高 5 个数量级的电流密度。

5.6.2 InGaAs/GaAs 多量子阱太阳电池

InGaAs/GaAs 多量子阱太阳电池是一种最典型的Ⅲ-Ⅴ族化合物量子阱太阳电池。2000 年，Yang 等[11] 采用 MBE 技术制作了应变 InGaAs/GaAs 量子阱太阳电池，AM1.5 效率达到了 18%。2005 年，Bushnell 等[12] 采用 GaAsP/InGaAs 应变超晶格减小 InGaAs 和 GaAs 之间的晶格失配应力，使 InGaAs/GaAs 多量子阱太阳电池的效率提高到了 21.9%。2006 年，Wu 等[13] 在 GaAs 衬底上制作了以 GaAsN/InGaAs 应变量子阱为 i 层的 p-i-n 结构太阳电池，获得了 4.3%的转换效率。随后，Freundlich 等[14] 则以 GaAsN/GaAs 量子阱为本征层制作了量子阱太阳电池，获得了 J_{sc}=27mA/cm^2 的短路电流密度和 V_{oc}=0.6V 的开路电压。2009 年，Gu 等[15] 采用 InAs/InGaAs 多层量子点作为势阱层制作了 GaAs 基量子阱太阳电池。面积为 2cm×2cm 的太阳电池的光伏参数为 J_{sc}=12.93mA/cm^2、V_{oc}=0.675V 和 η=8.17%。2011 年，Royall 等[7] 制作了 GaInNAs/GaAs 多量子阱太阳电池，所获得的光伏参数为 V_{oc}=0.675V、FF=0.69 和 η=5%，图 5.9 给出了该太阳电池在 AM1.5 光照下的 J-V 特性。研究指出，将 N 添加到 GaAs 中时，不仅使禁带宽度减小，同时晶格常数也会减小；而将 In 添加到 GaAs 中时，禁带宽度减小，但晶格常数将增加；将 N 和 In 同时添加到 GaAs 中时，所获得的 $Ga_{1-x}In_xN_yAs_{1-y}$ 的带隙小于 1.42eV，但晶格常数与 GaAs 相匹配。

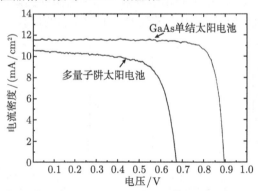

图 5.9 GaInNAs/GaAs 多量子阱太阳电池的 J-V 特性

5.6.3 InGaN/GaN 多量子阱太阳电池

GaN 是一种重要的Ⅲ族氮化物半导体材料。它所具有的 3.42eV 宽带隙特点、直接跃迁性质、高载流子饱和漂移速度以及良好的温度稳定性等物理优势，已使其在蓝紫光发射器件、大功率器件和二维电子气场效应器件中获得了成功应用。由

InN 和 GaN 组成的三元合金 $In_xGa_{1-x}N$，其禁带宽度从 InN 的 0.77eV 到 GaN 的 3.42eV 之间变化。当组分数 $x=0.3$ 时，其禁带宽度约为 1.3eV。

由 InGaN 与 GaN 形成量子阱结构时，带隙较窄的 InGaN 充当量子阱，而宽带隙的 GaN 充当势垒层。InGaN/GaN 多量子阱太阳电池又具有如下三个优点。①作为量子阱的 InGaN 光吸收层具有良好的晶体生长质量。②在 i 区中引入量子阱结构，可以使 V_{oc} 和 J_{sc} 独立地进行优化。V_{oc} 主要是由宽带隙的势垒层决定，而光谱响应则是由窄带隙的势阱层宽度和深度所决定。这样，如果电流和电压能够各自进行优化，其转换效率将会超过同质结单带隙太阳电池的转换效率。③在聚光条件下，多量子阱太阳电池的工作性能会优于常规单结太阳电池。

在 InGaN 量子阱中，In 的组分数对 InGaN/GaN 量子阱太阳电池的光伏特性有着重要影响。Lai 等[16] 的研究指出，较高的 In 含量将会减小填充因子和降低转换效率。例如，当 In 的组分数 $x = 0.3$ 时，其填充因子为 0.30，转换效率为 0.48%。Dahal 等[17] 研究了聚光强度对 InGaN/GaN 多量子阱太阳电池光伏性能的影响。结果证实，当光照强度从 1sun 增加到 30sun 时，外量子效率从 2.95% 增加到了 3.03%，此时 InGaN 量子阱的 In 含量为 30%。图 5.10 给出了该多子量子阱太阳电池的开路电压和转换效率随光照强度的变化。最近，Lee 等[18] 在蓝宝石衬底上制作了 InGaN 多量子阱太阳电池，由于螺旋位错缺陷从 $1.28\times10^9cm^{-2}$ 减少到 $3.62\times10^8cm^{-2}$，所以使其光伏特性得以明显改善。例如，短电流密度大约增加了 50%，其值为 $J_{sc}=1.09mA/cm^2$，在 350~460nm 波长范围内的外量子效率达到 50%。这种增强的光伏性能主要是由于外延层晶体质量的提高，从而有效地减少了 InGaN 量子阱中由非辐射复合中心导致的光生载流子的俘获。

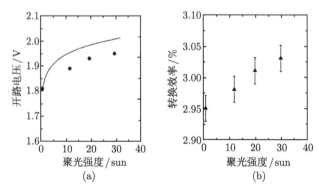

图 5.10   多子量子阱太阳电池的开路电压 (a) 和转换效率 (b) 随光照强度的变化

参 考 文 献

[1]   江剑平, 孙成城. 异质结原理与器件. 北京: 电子工业出版社, 2010

[2]   Mazzer M, Barnham K W J, Ballard I M, et al. Thin Solid Films, 2006, (511-512):76

[3]   Barmham K W J, Ballard I B, Bushnell D B, et al. Proc. 19th European Photovoltaic Solar Energy Conference, Paris, 2004, 328

[4]   Barnham J K W, Duggen G. J. Appl. Phys., 1990, 67:3490

[5]   Alemu A, Coaguira J A H, Freundlich A. J. Appl. Phys., 2006, 99:084506

[6]   Okada Y, Shiotsuka N, Kaked T. Sol. Energy Mater. Sol. Cells., 2005, 85:143

[7]   Royall B, Balkan N, Mazzucato S, et al. Phys. Status Solidi., 2011, B248:1191

[8]   Kirchartz T, Seino K, Wagner J M, et al. J. Appl. Phys. Lett., 2009, 105:104511

[9]   Berghoff B, Suckow S, Rölver R, et al. Sol. Energy Mater. Sol. Cells., 2010, 94:1893

[10] Berghoff B, Suckow S, Rölver R, et al. J. Appl. Phys., 2009, 106:083706

[11] Yang M J, Yamaguchi M. Sol. Energy Mater. Sol. Cells., 2000, 60:19

[12] Bushnell D B, Tibbits T N D, Barnham K W J, et al. J. Appl. Phys., 2005, 97:124908

[13] Wu P H, Su Y K, Chen I L, et al. Jpn. J. Appl. Phys., 2006, 45:L647

[14] Freundlich A, Fotkatzikis A, Bhusal L, et al. J. Grystal Growth, 2007, (301-302):993

[15] Gu T, El-Emawy M A, Yang K, et al. Appl. Phys. Lett., 2009, 95:261106

[16] Lai K Y, Lin G J, Lai Y L, et al. Appl. Phys. Lett., 2010, 96:081103

[17] Dahal R, Li J, Aryal K, et al. Appl. Phys. Lett., 2010, 97:073115

[18] Lett Y J, Lee M H, Cheng C M, et al. Appl. Phys. Lett., 2011, 98:263504

第6章 纳米结构太阳电池

所谓纳米结构，通常是指准零维和准一维的小量子体系，如纳米晶粒、纳米量子点、纳米薄膜、纳米线、纳米棒与纳米管等。由于它们具有良好的电子输运性质和发光特性，在场效应晶体管、存储器、传感器和发光器件中获得了重要应用。此外，这些纳米材料还显示出优异的光伏性质，因此可用于高效率太阳电池的制作。例如，纳米晶粒和量子点具有灵活的带隙可调谐能力，通过改变量子点和纳米晶粒的尺寸可以调控其禁带宽度，从而拓宽了它们对光子能量的吸收范围；与体材料相比，纳米薄膜具有较大的表面积，因此呈现出强的光吸收特性；纳米线与纳米管具有直线电子输运性质和低反射率特性，这对提高太阳电池的转换效率是十分有利的；尤其是与 a-Si:H 薄膜相比，nc-Si:H 薄膜具有良好的光照稳定性，这使得 nc-Si:H 薄膜太阳电池比 a-Si:H 薄膜太阳电池有着更优异的光伏性能。

本章将首先介绍纳米结构材料的新颖光伏性质，然后重点讨论纳米薄膜太阳电池和纳米线太阳电池的光伏特性及其研究进展，最后对纳米结构染料敏化太阳电池和量子点敏化太阳电池进行简要介绍。

6.1 纳米结构材料的光伏性质

6.1.1 纳米晶粒的量子尺寸效应

量子尺寸效应是零维纳米结构的最主要物理效应，其物理内涵包括两个方面，即量子化能级的出现和带隙的宽化[1]。低维物理的研究指出，当纳米晶粒尺寸与某些特征物理尺度相比拟时，原来体材料的能带会变成一系列具有一定能量间隔的量子化能级，而且晶粒尺寸越小，量子化能级分裂现象越显著。带隙宽化现象是指随着晶纳米粒尺寸的减小其禁带宽度会迅速增加。也就是说，通过改变纳米晶粒尺寸的大小，可以调节其禁带宽度。图 6.1 给出了 Si 纳米晶粒的禁带宽度随其直径的变化。由图可以看出，当 Si 晶粒尺寸减小到 3nm 以下时，其禁带宽度将增加到 2eV 左右。纳米晶粒能带特性的这一变化会直接影响其光学性质。从发光角度而言，其发光谱将随晶粒尺寸的减小而向短波长方向移动，这就是人们所熟知的谱峰蓝移现象；从光吸收角度来说，晶粒尺寸的改变可以使其光吸收波长范围得以展宽，这将十分有利于太阳电池光伏性能的改善。

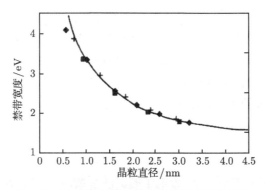

图 6.1 Si 纳米晶粒的禁带宽度随直径的变化

6.1.2 纳米微粒的高效能量转换效应

纳米晶粒的另一个重要物理效应则是表面与界面效应。当晶粒尺寸减小到纳米量级时,其比表面 (表面积/体积) 会大大增加,位于表面的原子数将占有相当大的比例[2]。例如,当晶粒尺寸为 5nm 时,比表面为 50%;而当晶粒尺寸为 2nm 时,比表面将增加到 80%。如此庞大的比表面将使价键状态严重失配,出现大量的活性中心,而表面能也会因此急剧增大,即具有很高的表面活性。纳米晶粒的这种表面效应将会大大增加其光吸收特性。图 6.2(a) 和 (b) 分别给出了高密度 InAs/GaAs 量子点的原子力显微镜 (AFM) 照片和纳米晶粒的表面原子数随晶粒尺寸的变化。

(a)

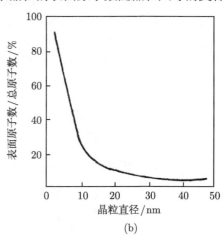

(b)

图 6.2 InAs/GaAs 量子点的 AFM 照片 (a) 和纳米晶粒的表面原子数随晶粒尺寸的变化 (b)

6.1.3 纳米晶粒中的光生载流子分离效应

对于 pn 结太阳电池来说,当能量为 $h\nu > E_g$ 的光子垂直入射到 pn 结时,本征吸收过程将在 pn 结的两侧产生电子–空穴对。在 pn 结内建电场的作用下,光生载流子将向各自相反的方向运动，由此对光生电流产生贡献。对于纳米晶粒而言，在晶粒内部所产生的光生电子，或是扩散到表面与光生空穴发生分离，或是在晶粒内部与光生空穴发生复合，或是被陷阱能级所俘获。很显然，为了能够有效增加光生载流子的收集效率，期望有更多的电子能够在复合或俘获之前被分离和抽取。电子从晶粒内部到表面的平均渡越时间可由下式表示[3]，即

$$\tau_{\rm d} = \frac{R^2}{\pi^2 D_{\rm n}} \tag{6.1}$$

式中，R 为纳米晶粒的半径；$D_{\rm n}$ 为电子的扩散系数。在通常情况下，由于 $\tau_{\rm d}$ 小于弛豫时间，所以当晶粒尺寸较小时，电子可以在与空穴复合之前到达表面。

　　纳米晶粒中的电子与空穴分离不仅发生在单个晶粒中，而且还发生在相邻两个或更多的晶粒之间，我们可以依据图 6.3 说明发生在纳米晶粒之间的光生载流子分离过程。假定有两个连接在一起的小晶粒 A 和 B，其中 B 具有较小的禁带宽度，A 的禁带宽度则大于 B，而且 A 的导带底低于 B 的导带底，此时光生电子会从晶粒 B 转移到晶粒 A 中去，如图 6.3(a) 所示。但是，如果晶粒 A 的导带底高于晶粒 B 的导带底，则光生电子将同价带的空穴发生复合，因而不能够产生电荷分离。这就是说，光生载流子的分离能力受材料的带边位置所支配。也就是说，如果合理调整纳米晶粒的带边位置，可以使光生电子和空穴进行有效分离，从而使其对光生电压和光生电流产生贡献。光生载流子的分离不仅发生在半导体/半导体界面，而且还可以发生在半导体/吸附分子界面、有机材料之间的界面以及半导体量子点之间的界面等。这意味着，纳米晶粒中的载流子分离特性对各种复合纳米结构太阳电池的光伏性能也将会有直接影响。

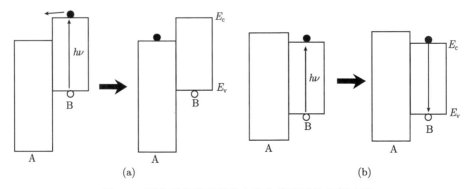

图 6.3　两个相邻纳米晶粒中光生载流子的分离过程

6.1.4　纳米结构的抗反射特性

　　为了改善太阳电池的光吸收特性，应尽量减小窗口层表面的光反射率。因此，

具有良好抗反射特性的减反射层的制备就显得尤为重要。作为常规的表面减反射技术，通常是采用表面织构的方法将光滑表面制成具有织绒的粗糙表面，利用它对入射光的散射作用或陷光特性增加太阳电池的光吸收。

最近的研究证实，具有纳米结构的表面也呈现出良好的光散射作用，可以使太阳电池的光吸收能力大大增强。Cho 等[4] 研究了纳米结构 Ag 反射层对 Si 基薄膜太阳电池光吸收特性的影响。结果发现，对于 a-Si:H 薄膜太阳电池而言，其短路电流密度从 9.94mA/cm² 增加到 13.36mA/cm²，转换效率从 5.59%提高到 7.60%；而对于 μc-Si:H 薄膜太阳电池来说，其短路电流密度从 17.02mA/cm² 增加到 19.04mA/cm²，转换效率从 4.31%提高到 4.64%。图 6.4(a) 和 (b) 分别是具有纳米结构 Ag 反射层的 a-Si:H 薄膜太阳电池的光吸收率和 *J-V* 特性。从图 6.4(a) 可以看出，在 400~800nm 波长范围，具有纳米结构 Ag 反射层的 a-Si:H 薄膜太阳电池的光吸收率大大增强。Huang 等[5] 利用 ZnO 纳米尺度蜂窝状表面抗反射结构，使单晶太阳电池的转换效率从 15.6%稳定提高到了 16.6%，在 400~1000nm 波长范围的外量子效率超过了 95%。

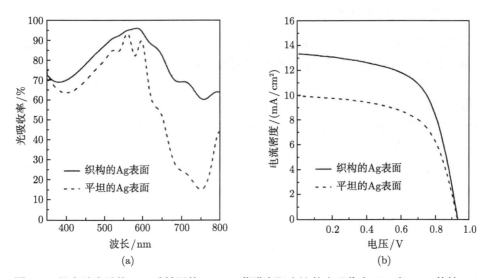

图 6.4 具有纳米结构 Ag 反射层的 a-Si:H 薄膜太阳电池的光吸收率 (a) 和 *J-V* 特性 (b)

6.1.5 同轴纳米棒的电子输运特性

在平面电池结构中，希望有源区足够厚以充分吸收光能，从而获得较大的光电流。但对低成本的光伏材料来说，通常杂质浓度较高、载流子扩散长度比较短，从而使得电子与空穴的复合损失比较大。采用同轴纳米棒 pn 结构可以克服这一困

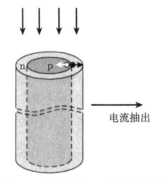

图 6.5   同轴径向 pn 结电池结构

难，其结构如图 6.5 所示。纳米棒的中轴和外壳分别是 n 型和 p 型材料，构成了一个径向的 pn 结。当有太阳光照射时，光从纳米棒的顶部入射，而载流子的分离和收集沿着纳米棒的径向进行，因此电池在沿着纳米棒长度的方向可以尽量厚，以确保有效的光吸收；径向 pn 结的 n 区很薄，小于或接近少子的扩散长度，能够很快地收集载流子，因此降低了非平衡载流子的复合损失[6]。

6.2   纳米薄膜太阳电池

6.2.1   nc-Si:H 薄膜的光伏性质

1. 增强光子能量吸收

与体材料相比，nc-Si:H 薄膜具有良好的光吸收特性。图 6.6(a) 给出了晶粒尺寸为 5.5nm 的 nc-Si:H 薄膜的归一化吸收谱随入射光波长的变化[7]。为便于比较，图中给出了体 Si 厚度分别为 20nm 和 126nm 时的光吸收特性。显而易见，在蓝光和绿光波长范围内，nc-Si:H 薄膜具有远大于体 Si 的光吸收率，其值大约是厚度为 20nm 体 Si 的 14 倍。如此大的光增强吸收归因于纳米量子点具有的量子尺寸效应所导致的振子强度的增加。但同时还应看到，在远紫外和红外区域内，体 Si 的吸收率则大于 nc-Si:H 薄膜。图 6.6(b) 给出了利用该 nc-Si:H 薄膜制作太阳电池的外量子效率与入射光波长的依赖关系。由该图可以看出，从红外光到绿光范围内，

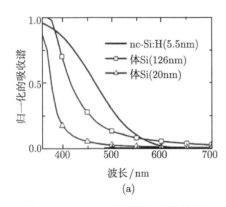

(a)

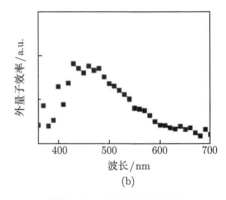

(b)

图 6.6   nc-Si:H 薄膜的光吸收特性 (a) 和 nc-Si:H 薄膜太阳电池的外量子效率 (b)

随着光子能量的增加其外量子效率呈近线性增加趋势, 这与图 6.6(a) 所给出的光谱吸收特性一致。

2. 增强光照稳定性

实验研究指出, nc-Si:H 薄膜具有良好的光照稳定性。图 6.7 给出了 nc-Si:H、a-Si:H 和 a-SiGe 三种单结薄膜太阳电池在正向偏压下填充因子随时间的变化规律[8,9]。由图可以十分清楚地看出, 对于 a-Si:H 薄膜太阳电池来说, 随着外加正向偏压时间的持续增加, 其填充因子下降很快, 而 nc-Si:H 薄膜太阳电池的填充因子则无明显变化。大家知道, a-Si:H 薄膜是一种典型的无序体系, 其结构形态为无规则网络形式, 内部存在着大量的悬挂键, 这就使其呈现出所固有的光致衰退 (S-W) 效应; 而 nc-Si:H 薄膜是一种典型的纳米结构, 它由大量的纳米晶粒和包围这些晶粒的界面形成, 晶粒和界面约各占 50%。在正向偏压条件下, 注入 nc-Si:H 薄膜中的过剩载流子是通过晶粒而输运的, 一般不会产生由缺陷产生的俘获中心对载流子的复合, 从而有效抑制了 a-Si:H 薄膜的光致衰退现象。

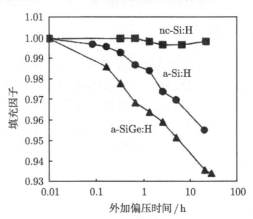

图 6.7　各种 Si 基薄膜太阳电池填充因子随时间的变化

3. 增强外量子效率

Alguno 等[10] 研究了量子点阵列对太阳电池光伏特性的影响, 发现多层量子点可以增强其外量子效率。该小组通过在 p-i-n 结构的本征层中引入层状自组织 Ge 量子点而制作了 Si 基薄膜太阳电池。图 6.8(a) 给出了一个由 Si 层充当隔离层的多层 Ge 量子点结构的剖面, 图 6.8(b) 是分别具有 100 层和 50 层 Ge 量子点太阳电池的外量子效率随吸收波长的变化。由图可以看出, 在 1200~1500nm 的红外波长范围内, 随着光子能量的增加, 太阳电池的外量子效率迅速增加; 而对于同一吸收波长, 随着 Ge 量子点层数的增加, 外量子效率也大幅度增加; 而当 i 层中没有 Ge 多层量子点时, 其外量子效率远低于有多层 Ge 量子点的太阳电池。这些结果证实, 在 Ge 量子点中产生的电子–空穴对可以由内建电场进行有效分离, 而不会在 Ge 量子点中和 Ge/Si 的界面发生复合, 从而对外量子效率的增加产生贡献。

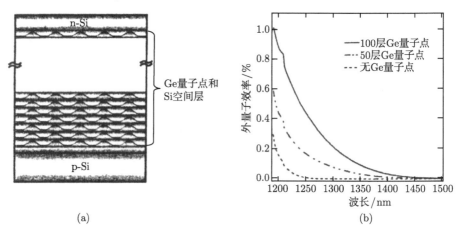

(a)   (b)

图 6.8   多层 Ge 量子点的剖面结构 (a) 和太阳电池的外量子效率 (b)

6.2.2   p-i-n 结构太阳电池

研究指出, 对于扩散长度小和光吸收系数大的光伏材料, 很难用 pn 结实现有效的光电能量转换。如果在 p 型层和 n 型层之间插入一个本征 i 层, 形成 p-i-n 结构太阳电池, 可以使 pn 结的内建电场在本征层进行扩展。在太阳光照射下, 光子能量被足够厚的 i 层有效地吸收, i 层的光生载流子在内建电场作用下进行分离, 并转移到边界。由于 p 型层与 n 型层很薄, 少数载流子容易通过 p 型层和 n 型层被电极收集, 这对提高太阳电池的转换效率十分有利, 其能带结构如图 6.9 所示。

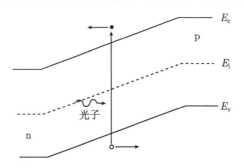

图 6.9   p-i-n 结构太阳电池的能带示意图

6.2.3   nc-Si:H 薄膜太阳电池

如前所述, 由于 nc-Si:H 薄膜没有明显的光致退化效应, 因此可用于高效率太阳电池的制作。2004 年, Yan 等[11] 以 nc-Si:H 薄膜作为底电池制作了 a-Si:H/a-

SiGe/nc-Si:H 三结太阳电池。图 6.10(a) 给出了该光伏器件的 J-V 特性。由图可以看到，在初始条件下太阳电池的光伏参数为 J_{sc}=7.16mA/cm^2、V_{oc}=2.165V、FF=0.790 和 η=12.25%；在稳态条件下的光伏参数为 J_{sc}=7.10mA/cm^2、V_{sc}=2.117V、FF=0.746 和 η=11.21%。2006 年，该小组制作了 a-Si:H(p)/nc-Si:H(i)/nc-Si:H(n) 三结太阳电池，初始条件下的光伏参数为 J_{sc}=9.11mA/cm^2、V_{oc}=1.956V、FF=0.790 和 η=14.1%；而稳态条件下的光伏参数为 J_{sc}=8.79mA/cm^2、V_{oc}=1.947V、FF=0.771 和 η=13.2%，如图 6.10(b) 所示[12]。上述研究指出，该光伏器件所呈现的优异光伏性质起因于膜层中所具有的大量小晶粒和过渡区域的有序性， 特别是在 nc-Si:H(a)/nc-Si:H(n) 界面，更是如此。i/p 界面在 p-i-n 或 n-i-p 结构太阳电池中，对光生载流子的输运起着十分重要的支配作用。例如，在 i/p 界面的非晶相中所具有的合适体积分数的小晶粒，起着一个良好的界面钝化作用，从而减少了缺陷态密度和杂质的扩散效应。此外，如果在 nc-Si:H(i) 层中有较高的晶态体积分数，将会增加光生载流子的迁移率和拓宽太阳电池对入射光波长的吸收范围，因此有利于 V_{oc} 和 FF 的进一步提高。

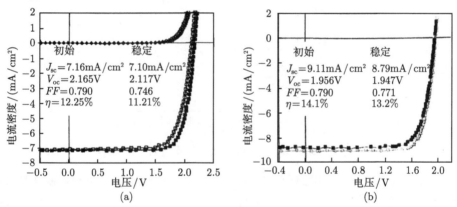

图 6.10 a-Si:H/a-SiGe/nc-Si:H(a) 和 a-Si:H(p)/nc-Si:H(i)/nc-Si:H(n) 太阳电池 (b) 的光伏特性

与此同时，Raniero 等[13, 14] 也制作了 a-Si:H(p)/nc-Si:H(i)/a-Si:H(n) 太阳电池，获得了 J_{sc}=14.48mA/cm^2、V_{oc}=0.94V、FF=0.67 和 η=9.2%的光伏性能。Arai 等[15] 则制作了 a-SiC:H(p)/a-Si:H(i)/nc-Si:H(i)/a-Si:H(n) 结构太阳电池，获得了 J_{sc}=12.86mA/cm^2、V_{oc}=0.948V、FF=0.74 和 η=7.39%的光伏参数。其后，Song 等[16] 利用磁控溅射制备了镶嵌入 SiC 混合物中的 nc-Si:H 薄膜，其中的晶粒尺寸为 3~5nm，以此为有源区制作的 nc-Si:SiC(p)/c-Si(n) 异质结太阳电池，获得了 V_{oc}=0.436V、J_{sc}=19mA/cm^2 和 FF=0.53 的光伏性能。Wu 等[17] 采用热丝 CVD 技术制备了 nc-Si:H/c-Si 异质结太阳电池，在优化组合的工艺条件下获得了 14.2%的转换效率。

最近的几项工作值得注意。Jiang 等[18] 报道了 nc-Si:H 薄膜的 PECVD 生长速率对 p-i-n 结构 nc-Si:H 薄膜太阳电池光伏性能的影响。结果指出，当生长速率为 0.65nm/min 时，太阳电池的光伏参数为 $J_{sc}=25.35\text{mA}/\text{cm}^2$、$V_{oc}=0.528\text{V}$、$FF=0.641$ 和 $\eta=8.58\%$；当生长速率增加到 1.30nm/min 时，太阳电池的光伏参数为 $J_{sc}=22.82\text{mA}/\text{cm}^2$、$V_{oc}=0.518\text{V}$、$FF=0.597$ 和 $\eta=7.06\%$；而当生长速率减小到 0.5nm/min 时，太阳电池的光伏参数为 $J_{sc}=25.1\text{mA}/\text{cm}^2$、$V_{oc}=0.546\text{V}$、$FF=0.634$ 和 $\eta=8.66\%$。由此可以看出，优化 nc-Si:H 薄膜的生长速率，可以获得相对较高的转换效率。Mao 等[19] 研究了 H_2 流量速率对由热丝 CVD 工艺生长 nc-Si:H 薄膜太阳电池光伏性能的影响。当 nc-Si:H(p) 薄膜的载流子浓度为 $1.03\times10^{20}/\text{cm}^3$、激活能为 0.14eV、暗电导为 $3.44\times10^{-2}\text{S/cm}$ 和霍尔迁移率为 $1.48\text{cm}^2/(\text{V·s})$ 时，AM1.5 条件下太阳电池的光伏参数为 $J_{sc}=33.46\text{mA}/\text{cm}^2$、$V_{oc}=0.58\text{V}$，$FF=0.64$ 和 $\eta=12.5\%$。图 6.11 给出了该光伏器件的 J-V 特性。

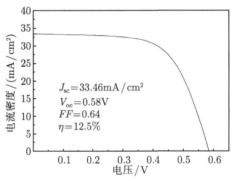

图 6.11　n-i-n 结构 nc-Si:H 膜太阳电池的 J-V 特性

此外，Cuony 等[20] 比较研究了 nc-Si:H 薄膜太阳电池与 μc-Si:H 薄膜太阳电池的光伏性能。采用 nc-Si:H(p) 薄膜制作的太阳电池，初始条件下的光伏参数为 $J_{sc}=14.1\text{mA}/\text{cm}^2$，$V_{oc}=1.39\text{V}$、$FF=0.70$ 和 $\eta=13.5\%$；稳态条件下的光伏参数为 $J_{sc}=13.4\text{mA}/\text{cm}^2$、$V_{oc}=1.35\text{V}$、$FF=0.64$ 和 $\eta=11.5\%$。而采用 μc-Si:H(p) 薄膜制作的太阳电池，仅获得了 $J_{sc}=25.4\text{mA}/\text{cm}^2$、$V_{oc}=0.477\text{V}$、$FF=0.63$ 和 $\eta=7.6\%$ 的光伏特性，这是由于采用 nc-Si:H 薄膜可以进一步降低表面的光反射和增强光吸收的缘故。更进一步，Taube 等[21] 报道了表面抗反射层对太阳电池光伏性能的影响。他们分别以单层 Si 氮化物 (SiN_x)(A 样品)、单层富 Si 氮化物 (SRN)(B 样品) 以及 Si 氧化物 (SiO_x) 与 SRN 复合膜 (C 样品) 作为抗反射层，制作了 nc-Si:H 薄膜太阳电池。对于 A 样品，所获得的光伏参数为 $J_{sc}=31.40\text{mA}/\text{cm}^2$、$V_{oc}=0.529\text{V}$、$FF=0.77$ 和 $\eta=12.7\%$；对于 B 样品，获得的光伏参数为 $J_{sc}=35.00\text{mA}/\text{cm}^2$、$V_{oc}=0.561\text{V}$、$FF=0.75$ 和 $\eta=14.7\%$；而对于 C 样品，则获得了 $J_{sc}=35.41\text{mA}/\text{cm}^2$、$V_{oc}=0.562\text{V}$、$FF=0.78$ 和 $\eta=15.6\%$ 的优异光伏性能。很显然，双层 SiO_x/SRN 复合抗反射层比

单层抗反射膜具有更低的光反射率。图 6.12 给出了该光伏器件的 J-V 特性，其中的内插图是具有 SiO_x/SRN 复合抗反射层太阳电池的剖面结构。

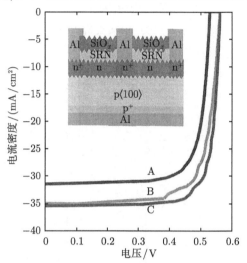

图 6.12　具有双层抗反射膜太阳电池的 J-V 特性

6.3　纳米线与纳米管太阳电池

6.3.1　Si 纳米线的低反射率特性

任何一种固体材料，对入射到其表面的光都具有一定的吸收、反射和透射特性。对于太阳电池来说，为了提高其能量转换效率，光伏器件的有源区应能最大限度地吸收光子能量。从光反射角度而言，就是应尽量降低固体表面的光反射率。与常规体材料相比，由于纳米线自身具有大的表面积和相对较小的折射率，因而呈现出良好的光吸收特性和低反射率特点，从而使其在纳米线太阳电池中具有潜在的应用。

Picraux 等[22] 研究了准一维柱状纳米结构的反射率和折射率随其体积分数的变化，如图 6.13(a) 所示。由图可以看出，随着体积分数的减小折射率也随之迅速降低。光反射率也呈现出同样的变化规律，当折射率从 3.5 减小到 2.25 时，其反射率则从 31% 急剧减小到 4% 左右。Street 等[23] 实验研究了无序 Si 纳米线 (SiNW) 的光反射特性。图 6.13(b) 给出了直径为 30~50nm Si 纳米线的归一化光反射谱。由图可以看出，在 1.5~3.5eV 的光子能量范围内，反射率随光子能量的增加呈近线性减小的趋势。当光子能量为 1.5eV 时，其反射率为 90%；而当光子能量为 3.0eV 时，反射率迅速降低到 20% 左右。其反射率可由下式给出，即

$$R = \int p(L) \{1 - \exp[-\alpha(h\nu)L]\} \, \mathrm{d}L$$
$$= 1 - \exp[-\alpha(h\nu)L_{\mathrm{av}}] \tag{6.2}$$

式中，$\alpha(h\nu)$ 为 Si 的光吸收系数；L 为 Si 纳米线长度；$p(L)$ 为 L 的分布函数；L_{av} 为 L 的平均值。

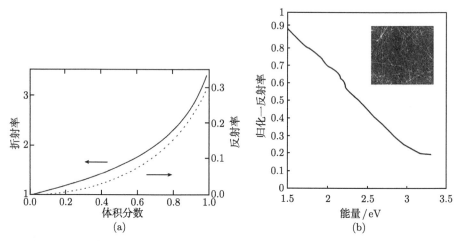

图 6.13　一维柱状纳米结构的反射率 (a) 和 Si 纳米线归一化的光反射谱 (b)

Sivakov 等[24] 测量了经不同时间化学蚀刻处理后 Si 纳米线的光吸收和光反射特性。结果表明，在 400~800nm 的波长范围内，纳米线具有低于 10% 的反射率，这说明在此波长范围内 Si 纳米线具有很好的光吸收特性；尤其是在 500nm 波长，Si 纳米线的光吸收率大于 90%。前不久，Srivastava 等[25] 的研究结果也证实了垂直 Si 纳米线阵列具有超好的抗反射特性，在 300~600nm 波长范围其反射率仅有 1.5%，在 600~1000nm 的波长范围内也低于 4%。分析指出，经不同时间化学蚀刻的 Si 纳米线，从线的顶部到末端均呈现出多孔隙性质，使其折射率减小，最终导致了抗反射特性的增强。

6.3.2　Si 纳米线太阳电池

迄今为止，人们已采用各种类型的 Si 纳米线制作了不同结构形式的太阳电池。Kelzenberg 等[26] 利用气–液–固法合成了直径为 200nm~1.5μm 的单根 Si 纳米线，并制作了太阳电池。扫描光电流谱测试指出，少数载流子扩散长度可达 2μm。在 AM1.5 光照射下，太阳电池的光伏参数为 J_{sc}=5.0mA/cm^2、V_{oc}=190mV、FF=0.40 和 η=0.46%。利用由 Pt 纳米晶粒修饰的高密度垂直 n 型 Si 纳米线阵列制作的太阳电池获得了良好的光伏性能。图 6.14(a)~(c) 分别给出了该纳米线的 TEM 照片、纳米线中的一维电子输运模型和太阳电池的转换效率随 Pt 纳米晶粒沉积时间的变化[27]。当沉积时间为 25min 时，太阳电池的转换效率高达 8.14%。Lu 等[28] 利用大面积有序的 Si 纳米圆柱阵列结构制作了太阳电池，在 400~1600nm 波长范围其光吸收率为 99%，太阳电池的光伏参数为 J_{sc}=26.4mA/cm^2、V_{oc}=0.59V、FF=0.69 和 η=10.8%。

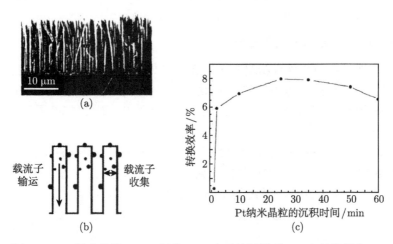

图 6.14 Si 纳米线的 TEM 照片 (a)、电子输运模型 (b) 和转换效率 (c)

Garnett 等[29] 研究了 Si 纳米线太阳电池的陷光特性，证实有序的 Si 纳米线阵列具有能够增强太阳光入射光程的作用。采用有序垂直 Si 纳米线阵列制作的太阳电池，具有 5%~6% 的转换效率。2011 年，Kim 等[30] 采用由 Si 平面衬底和 Si 纳米线混合结构制作的 p-i-n 结构太阳电池，在 AM1.5 光照射下实现了 11.0% 的高转换效率，这是由于 Si 纳米线阵列具有增加光吸收、并有效改善载流子收集特性的缘故。Yu 等[31] 在 Si 纳米线阵列顶部制作了 a-Si:H 薄膜太阳电池，图6.15(a)和(b) 是不同 Si 纳米线密度对该光伏器件的外量子效率和 J-V 特性的影响。由图可以看

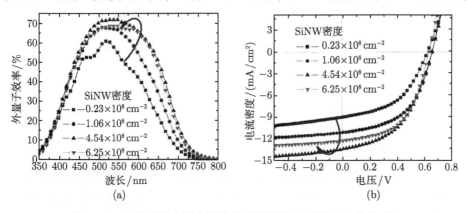

图 6.15 Si 纳米线太阳电池的外量子效率 (a) 和 J-V 特性 (b)

出，随着 Si 纳米线密度从 $0.23 \times 10^8 \mathrm{cm}^{-2}$ 增加到 $4.54 \times 10^8 \mathrm{cm}^{-2}$，外量子效率和短路电流密度都随之而增加。当线密度为 $4.54 \times 10^8 \mathrm{cm}^{-2}$ 时，太阳电池的光伏参数为 $J_{sc}=13.4 \mathrm{mA/cm^2}$、$V_{oc}=0.66\mathrm{V}$、$FF=0.48$ 和 $\eta=4.2\%$。Li 等[32] 利用大面积周期排列的 Si 纳米线阵列制作了圆柱形 pn 结太阳电池，获得了 $J_{sc}=13.4\mathrm{mA/cm^2}$、$V_{oc}=0.529\mathrm{V}$、$FF=0.579$ 和 $\eta=4.10\%$的光伏性能。

6.3.3   Si 纳米线/聚合物太阳电池

由 Si 纳米线与有机聚合物组成的复合结构太阳电池的研究，最近也受到人们的广泛关注。Eisenhawer 等[33] 将 Si 纳米线引入 P3HT/PCBM 太阳电池中，由于在纳米线中电子输运特性的改善，其转换效率比不采用 Si 纳米线提高了 10%，η 值可达 4.2%。Davenas 等[34] 也制作了纳米线/P3HT 太阳电池，获得了 $J_{sc}=3.3\mathrm{mA/cm^2}$、$V_{oc}=0.5\mathrm{V}$、$FF=0.35$ 和 $\eta=3.04\%$的光伏特性。如果采用核–壳结构异质结，其效率还可以提高到 5%。Ozdemir 等[35] 制作了纳米线/PEDOT:PSS 太阳电池，在 500nm 波长的外量子效率为 77%，最高的太阳电池效率为 5.30%。由 Moiz 等报道的纳米线/PEDOT:PSS 太阳电池，获得了 $J_{sc}=9.38\mathrm{mA/cm^2}$、$V_{oc}=0.43\mathrm{V}$、$FF=0.45$ 和 $\eta=1.82\%$的光伏特性[36]。2012 年，Zhang 等[37] 制作了 Si 纳米线/PEDOT:PSS 太阳电池，所获得的光伏参数为 $J_{sc}=26.4\mathrm{mA/cm^2}$、$V_{oc}=0.472\mathrm{V}$、$FF=0.48$ 和 $\eta=6.0\%$，图 6.16(a) 和 (b) 分别示出了 Si 纳米线 PEDOT:PSS 太阳电池的反射率与 $J\text{-}V$ 特性。

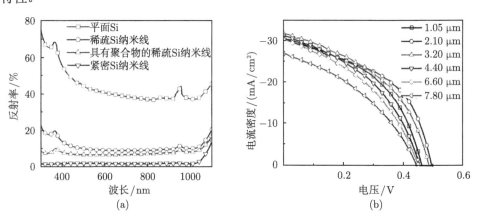

图 6.16   Si 纳米线 PEDOT:PSS 太阳电池的反射率 (a) 与 $J\text{-}V$ 特性 (b)

6.3.4   GaAs 纳米线太阳电池

除了 Si 纳米线太阳电池以外，属于III - V族的 GaAs 纳米线太阳电池也已被人们所广为研究。2009 年，Colombo 等[38] 制作了 p-i-n 结构圆柱形 GaAs 纳米线太阳电池，在 AM1.5 光照射下的填充因子和转换效率分别为 0.65% 和 4.5%。实验测量证实，由 MBE 技术生长制备的 GaAs 纳米线具有良好的光吸收特性。与此同时，Czaban 等[39] 采用气–液–固法制备了垂直有序排列的 GaAs 纳米线，并以 Te 为 n 型掺杂剂制作了具有核–壳结构的太阳电池。结果指出，该太阳电池获得的光伏参数为 I_{sc}=201μA、V_{oc}=0.25V、FF=0.267 和 η=0.83%。

2011 年，Mariani 等[40] 利用平行排列的 GaAs 纳米柱阵列制作了光伏太阳电池，获得了 J_{sc}=17.6mA/cm^2、V_{oc}=0.39V、FF=0.37 和 η=2.54%的光伏性能。实验还发现，该纳米线 pn 结具有良好的整流特性，当外加偏压从 –1V～+1V 变化时，其整流比为 213；在 –1V 的偏压条件下，其漏电流为 236nA。Tajik 等[41] 研究了表面钝化和电极接触方法对 GaAs 纳米线太阳电光伏特性的影响。结果表明，当太阳电池在进行表面钝化之前，其光伏参数为 I_{sc}=0.94mA、V_{oc}=0.21V、FF=0.298 和 η=1.80%；而在进行表面钝化之后，其光伏参数为 I_{sc}=1.03mA、V_{oc}=0.22V、FF=0.30 和 η=2.14%，其转换效率进一步提高。

人们在进行实验研究的同时，也对 GaAs 纳米线太阳电池的光伏特性进行了理论模拟与分析。Wen 等[42] 研究了高效率 GaAs 纳米线太阳电池的陷光特性。图 6.17(a) 给出了一个单根 GaAs 纳米线的结构形状，其中 L 为纳米线长度，D 为纳米线直径，P 为四方晶格的周期，D/P 为纳米线的填充率。图 6.17(b)~(d) 分别

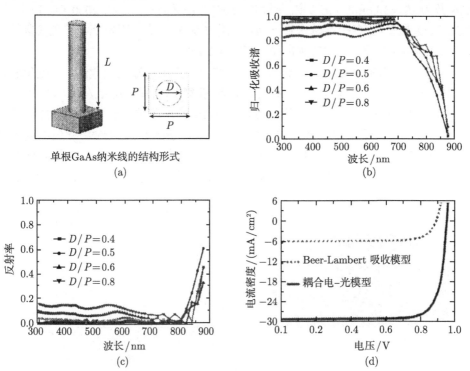

图 6.17 GaAs 纳米线的结构 (a)、光吸收 (b)、光反射 (c) 和 $J\text{-}V$ 特性 (d)

给出了该 GaAs 纳米线的归一化的吸收特性、光反射率和 J-V 特性。可以看出，在 300~800nm 的波长范围，该纳米线具有超低的反射率和优异的光吸收特性。由此理论模拟实现的光伏参数为 J_{sc}=28.7mA/cm^2、V_{oc}=0.96V 和 η=22.3%。此外，Lapierre[43] 的模拟分析指出，对于一个具有表面钝化和顶接触的 p-i-n 结构 GaAs 纳米线太阳电池，所获得的光伏参数为 J_{sc}=10.7mA/cm^2、V_{oc}=1.24V、FF=0.88 和 η=9.89%。

6.3.5　碳纳米管太阳电池

碳纳米管 (CNT) 是典型的准一准纳米结构，具有能与太阳光谱相匹配的直接带隙，从红外光到紫外光均具有强光吸收特性。此外，碳纳米管还具有高电子迁移率和直线电子输运性质，因此在高效率太阳能转换光伏器件中具有潜在应用。

2002 年，Kymakis 等[44] 采用单壁碳纳米管与共轭聚合物的复合结构制作了光伏器件，在 AM1.5 光照下获得了 0.12mA/cm^2 的短路电流密度和 0.75V 的开路电压。2008 年，Li 等[45] 利用由 SOCl$_2$ 处理的碳纳米管和 n-Si 形成的异质结光伏器件，获得了 J_{sc}=15mA/cm^2、V_{oc}=0.45V、FF=0.28 和 η=0.95% 的光伏特性。与此同时，Wei 等[46] 制作了双壁碳纳米管太阳电池，在 AM1.5 光照条件下的光伏参数为 J_{sc}=13.8mA/cm^2、V_{oc}=0.5V、FF=0.19 和 η=1.31%。2009 年，Li 等[47] 利用 ZnO 量子点/多壁碳纳米管异质结制作了紫外光伏太阳电池，其光伏参数为 J_{sc}=231μA/cm^2、V_{oc}=0.8V、FF=0.24 和 η=1.14%

由于 CuI 具有良好的电导特性，十分有利于太阳电池的空穴注入、收集和传输。Wang 等[48] 制作了 CNT-CuI-Si 太阳电池，获得了 J_{sc}=20.6mA/cm^2、V_{oc}=0.5V、FF=0.58 和 η=6.0% 的优异光伏性质。图 6.18 给出了该光伏器件的 SEM 照片与 J-V 特性。最近，Jia 等[49] 制作了由 HNO$_3$ 掺杂的 Si-CNT 异质结太阳电池，同样获得了优异光伏特性。当没有 HNO$_3$ 掺杂时，该太阳电池的光伏参数为 J_{sc}=27.4mA/cm^2、FF=0.47 和 η=6.2%；而当有 HNO$_3$ 掺杂时，太阳电池的 J_{sc}

(a)

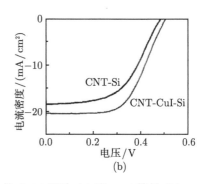

(b)

图 6.18　CNT-CuI-Si 太阳电池的 SEM 照片 (a) 和 J-V 特性 (b)

大大增加，其值为 38.3mA/cm^2，从而使 η 值从 6.0% 稳定增加到了 13.8%。

6.4 纳米结构染料敏化太阳电池

6.4.1 作为光阳极的 TiO_2 纳米结构

染料敏化太阳电池是一种典型的光电化学太阳电池，而纳米结构染料敏化太阳电池是指以纳米结构作为光阳极的染料敏化太阳电池。目前，人们多采用各种 TiO_2 纳米结构 (如 TiO_2 纳米晶粒、多孔 TiO_2 纳米薄膜、TiO_2 纳米线以及纳米 TiO_2 核–壳结构等) 作为光阳极，它的主要作用是吸附染料光敏化剂，并将激发态染料注入的电子传输到导电衬底中[50]。

为了提高染料敏化太阳电池的转换效率，高质量纳米结构光阳极的制备显得尤为重要。它应该具备以下几个显著物理特征：①具有较大的比表面，以使其能够有效地吸附单层分子染料；②纳米颗粒与导电衬底以及纳米颗粒之间应有很好的电学接触，以确保光生载流子在其中能有效地进行传输；③电解质中的氧化还原对能够有效地渗透到纳米薄膜内部，使氧化态染料有效地进行再生[51]。

纳米 TiO_2 结构具有上述各种物理优势。首先，海绵状的 TiO_2 多孔纳米薄膜可以吸附更多的染料分子，优化纳米 TiO_2 颗粒的尺寸大小，可以使太阳电池获得良好光伏特性；其次，纳米 TiO_2 所呈现的良好光吸收、光散射和光折射特性，可使太阳光在薄膜内被染料分子多次反复吸收，从而大大提高了染料分子对光的吸收效率；再次，纳米 TiO_2 对光生电子的传输和界面复合起着决定性的影响，在很大程度上直接决定了太阳电池的光电转换效率。为了大幅度提高纳米结构太阳电池的光伏性能，人们正在采用多种物理化学修饰技术来改善纳米 TiO_2 光阳极的特性。例如，采用 $TiCl_4$ 表面处理进行表面包覆，设计与其他材料相组合的复合结

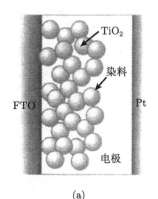

(a)　　　　　　　　(b)

图 6.19　TiO_2 纳米多孔薄膜光阳极的结构示意图 (a)
和纳米多孔TiO_2 光阳极的 SEM 照片 (b)

构等。图 6.19(a) 和 (b) 给出了作为光阳极的纳米 TiO_2 结构示意图和 TEM 照片。

6.4.2　TiO_2 纳米结构染料敏化太阳电池的光伏特性

1. 准一维 TiO_2 纳米结构光阳极太阳电池

2009 年，Yang 等[52] 以单晶金红石 TiO_2 纳米棒为光阳极制作了染料敏化太阳电池，在 AM1.5 光照下获得了 $13.5mA/cm^2$ 的短路电流密度和 6.03% 的转换效率，在 400~700nm 波长范围内获得了大于 50% 的光电流效率，而最高的光电流转换效率可达 70%。图 6.20(a) 和 (b) 分别给出了该太阳电池的 J-V 特性与光电流转换效率随入射光波长的变化关系。Lin 等[53] 以 TiO_2 纳米管为光阳极和以 N719 为染料制作了染料敏化太阳电池，所获得的光伏参数为 $J_{sc}=14.30mA/cm^2$、$V_{oc}=0.59V$、$FF=0.49$ 和 $\eta=4.1\%$。与此同时，Alivov 等[54] 也采用附有纳米粒子的 TiO_2 纳米管为光阳极制作了染料敏化太阳电池。结果证实，当 TiO_2 管直径为 80nm 时，获得了 $J_{sc}=12.20mA/cm^2$、$V_{oc}=0.74V$、$FF=0.74$ 和 $\eta=5.94\%$ 的良好光伏性能。采用 ZnO/TiO_2 核–壳结构光阳极染料敏化太阳电池的光伏特性已由 Wang 等所研究[55]。当薄膜溅射温度为 450°C 时，太阳电池的光伏参数为 $J_{sc}=4.3mA/cm^2$、$V_{oc}=0.723V$、$FF=0.56$ 和 $\eta=1.8\%$；而当薄膜溅射温度增加到 500°C 时，太阳电池的光伏性能得以明显改善，为 $J_{sc}=5.3mA/cm^2$、$V_{oc}=0.705V$、$FF=0.54$ 和 $\eta=2.0\%$。前不久，Bala 等[56] 采用类海藻 TiO_2 纳米线阵列制作了染料敏化太阳电池。当该纳米线阵列厚度为 $2.12\mu m$ 时，获得的光伏参数为 $J_{sc}=6.1mA/cm^2$、$V_{oc}=0.696V$、$FF=0.75$ 和 $\eta=3.2\%$。

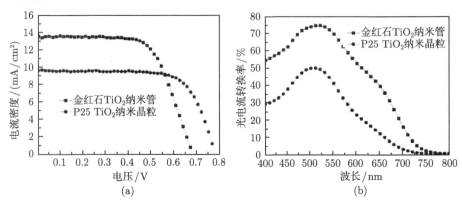

图 6.20　金红石 TiO_2 纳米管光阳极太阳电池的 J-V 特性 (a) 和光电流转换效率 (b)

2. TiO_2 纳米晶粒薄膜光阳极太阳电池

2007 年，Kdusama 等[57] 制备了晶粒尺寸为 15~25nm 的 TiO_2 纳米薄膜，并以此为光阳极制备了染料敏化太阳电池，其良好的光伏特性显示出 η 值高达

8.44%。Hisao 等[58] 利用溶液法合成了介孔 TiO_2 纳米薄膜光阳极,并以 N3 为染料敏化剂制作了太阳电池,同样也使其获得了 8.9%的转换效率。2010 年,Wen 等[59] 采用锐钛矿 TiO_2 纳米晶粒作为光阳极和以 N719 染料制作了染料敏化太阳电池,获得的光伏参数为 J_{sc}=20.6mA/cm^2、V_{oc}=0.685V、FF=0.55 和 η=7.8%。最近,Li 等[60] 采用有效改善纳米粒子内连接特性的锐钛矿 TiO_2 纳米晶粒光阳极制作了染料敏化太阳电池,其光伏参数为 J_{sc}=6.87mA/cm^2、V_{oc}=0.763V、FF=0.709 和 η=3.71%。Sun 等[61] 采用 TiO_2 复合物纳米粒子光阳极制作了染料敏化太阳电池,从图 6.21(a) 的 J-V 特性可以看出,其短路电流密度达到了 8.38mA/cm^2,V_{oc} 达到了 0.74V,从而使其获得了 η=4.28%的转换效率。由图 6.21(b) 可以看到,在 400~800nm 的波长范围内,其光电流转换效率为 50%。将金属 (Zn 或 W) 掺入到 TiO_2 中,以此制作的染料敏化太阳电池具有良好的光伏特性[62]。当掺入 4.0%的 Zn 时,该太阳电池的光伏参数为 J_{sc}=7.52mA/cm^2、V_{oc}=0.811V、FF=0.783 和 η=4.77%;当掺入 0.2%的 W 时,该太阳电池的光伏参数为 J_{sc}=8.99mA/cm^2、V_{oc}=0.610V、FF=0.764 和 η=4.19%。

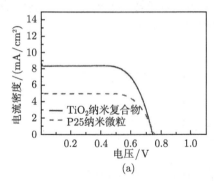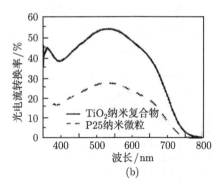

图 6.21 TiO_2 纳米复合物光阳极太阳电池的 J-V 特性 (a) 和光电流转换效率 (b)

6.5 量子点敏化太阳电池

6.5.1 量子点敏化的特点

为了改善染料敏化太阳电池的光伏特性,一个重要的问题是如何选择和设计性能良好的光敏化剂。最近的研究指出,除了传统的染料敏化剂之外,量子点也可以作为光敏化剂用于高效率太阳电池的制作,这就是所谓的量子点敏化太阳电池 (QDSSC)。与染料敏化剂相比,量子点敏化剂具有以下几个优点:①通过改变量子点尺寸的大小,可以灵活调谐其禁带宽度,以使其与太阳光谱的吸收波长相匹配;②与染料敏化剂相比,量子点敏化剂具有更好的稳定性和更大的光吸收系数;③量子点具有一定的多激子产生能力。目前，人们多以 II–VI 族的 CdSe 和 CdS 量子点作为染料敏化太阳电池的光敏化剂，前者的体材料禁带宽度为 1.74eV，后者的体材料禁带宽度为 2.53eV。但研究指出，目前各类量子点敏化太阳电池的转换效率还普遍较低。

6.5.2　CdSe 量子点敏化太阳电池

2007 年，Leschkies 等[63] 以 CdSe 量子点作为 ZnO 纳米线的光敏化剂，在掺 F 的 SnO_2/玻璃衬底上制作了太阳电池，获得的短路电流密度为 $2mA/cm^2$，开路电压为 0.6V，内量子效率高达 50%～60%。2009 年，Chnen 等[64] 利用油酸–硝酸覆盖的 CdSe 量子点敏化太阳电池，在 AM1.5 光照下的光电流转换效率为 17.5%，功率转换效率均为 1%。其后，Shen 等[65] 制作了以 TiO_2 纳米管为光阳极和以 Cu_2S 为对电极的 CdSe 量子点敏化太阳电池，其光电流转换效率高达 65%，功率转换效率达到了 1.8%。与此同时，Fan 等[66] 以核–壳碳纳米管作为对电极制作了 CdSe 量子点敏化太阳电池，其光电流峰值效率高达 80%，而功率转换效率高达 3.90%。图 6.22(a) 和 (b) 分别给出了该太阳电池的光电流转换效率和 J-V 特性。最近，Sun 等[67] 采用低温化学浸没沉积方法制作了 CdSe 量子点敏化太阳电池，获得了 J_{sc}=$5.8mA/cm^2$ 和 η=0.72% 的光伏特性。

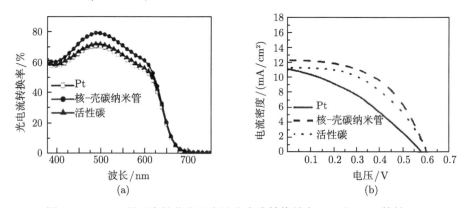

图 6.22　CdSe 量子点敏化太阳电池光电流转换效率 (a) 和 J-V 特性 (b)

6.5.3　CdS 量子点敏化太阳电池

除了 CdSe 量子点敏化太阳电池以外，CdS 量子点敏化太阳电池也是一个重要研究侧面。2007 年，Lin 等[68] 利用分子自组装和化学浸没技术制作了 CdS 量子点敏化太阳电池，获得了 1.35% 的转换效率。Jung 等[69] 利用 CdS 量子点敏化 TiO_2 纳米管阵列，使太阳电池获得了 J_{sc}=$7.18mA/cm^2$、V_{oc}=0.51V、FF=0.28 和 η=1.04% 的光伏特性。接着，Hachiya 等[70] 研究了 CdS 量子点敏化太阳电池的光吸收特性，同样获得了 $J_{sc}=4.82\text{mA/cm}^2$、$V_{oc}=0.48\text{V}$、$FF=0.53$ 和 $\eta=1.22\%$ 的光伏性能。尤其是最近，Jung 等[71] 利用原位化学浸没工艺制作了 CdS 量子点敏化太阳电池，并用实验研究了浸没周期次数对其光伏特性的影响，获得了高达 60% 的光电流转换效率和 2.13% 的功率转换效率。图 6.23(a) 和 (b) 分别给出了该量子点敏化太阳电池的 $J\text{-}V$ 特性和光电流转换效率。

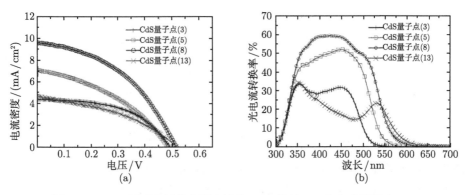

图 6.23 CdS 量子点敏化太阳电池的 $J\text{-}V$ 特性 (a) 和光电流效率 (b)

6.5.4 CdS/CdSe 量子点共敏化太阳电池

顾名思义，所谓 CdS/CdSe 量子点共敏化太阳电池，就是利用 CdS 和 CdSe 量子点的共同光敏化作用而制作的太阳电池。就 CdS 而言，它的导带底高于作为光阳极的 TiO$_2$ 导带底，因此有利于激发电子的注入。然而，CdS 的禁带宽度为 2.25eV，这就使它不能充分吸收波长短于 550nm 的光子能量。与此相反，CdSe 所具有的 1.7eV 的禁带宽度，使其光吸收波长可以扩展到 720nm。但由于它的导带底低于 TiO$_2$，故不能产生有效的电子注入；而同时采用 CdS 和 CdSe 作为 TiO$_2$ 光阳极的光敏化材料，可以充分兼顾二者的优势，因此可使其太阳电池的光伏性能得到明显改善。图 6.24(a) 和 (b) 分别给出了 TiO$_2$、CdS 和 CdSe 体材料的相对带边位置和在 CdS 和 CdSe 界面的电子重新分布之后 TiO$_2$/CdS/CdSe 电极的带边结构[72]。

2009 年，Lee 采用 TiO$_2$/CdS/CdSe 量子点共敏化电极结构，在 AM1.5 光照下获得了 $J_{sc}=16.8\text{mA/cm}^2$、$V_{oc}=0.513\text{V}$、$FF=0.49$ 和 $\eta=4.22\%$ 的优异光伏特性。Liu 等[73] 采用 CdS/CdSe 量子点的共敏化作用，使太阳电池的光电流转换效率达到了 83%，功率转换效率达到了 2.05%。与此同时，Huang 等[74] 利用 TiO$_2$ 纳米管作为光阳极和以 Cu$_2$S 作为对电极，同样基于 CdS/CdSe 量子点的共敏化机制，使太阳电池获得了 $J_{sc}=11.45\text{mA/cm}^2$、$V_{oc}=0.48\text{V}$、$FF=0.58$ 和 $\eta=3.18\%$ 的光伏性能。

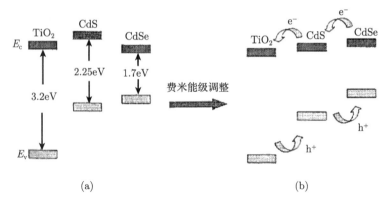

图 6.24　$TiO_2/CdS/CdSe$ 电极的带边结构示意图

参 考 文 献

[1]　彭英才, 傅广生. 纳米光电子器件. 北京: 科学出版社, 2010

[2]　张立德, 牟季美. 纳米材料和纳米结构. 北京: 科学出版社, 2002

[3]　彭英才, 于威, 等. 纳米太阳电池技术. 北京: 化学工业出版社, 2010

[4]　Cho J S, Baek S, Yoon K H. Current Applied Physics, 2011, 11:S2

[5]　Huang C K, sun K W, Chang W L. Optics Express, 2012, 20:85

[6]　Tsakalakos L, Balch A J, Fronheiser J, et al. Appl. Phys. Lett., 2007, 91:233117

[7]　Kim S K, Cho C H, Kim B H. et al. Appl. Phys. Lett., 2009, 95:143120

[8]　Yue G, Yan B, Yang J, et al. J. Appl. Phys., 2005, 98:074902

[9]　Yue G, Yan B, Yang J, et al. Appl. Phys. Lett., 2005, 86:092103

[10]　Alguno A, Usami N, Ujihara T, et al. Appl. Phys. Lett., 2003, 83:1258

[11]　Yan B, Yue G, Owens J M, et al. Appl. Phys. Lett., 2004, 85:1925

[12]　Yue G, Yan B, Ganguly G, et al. Appl. Phys. Lett., 2006, 88:263507

[13]　Raniero L, Fortunato E, Ferreira I, et al. J. Non-Crystalline Solids, 2006, 352:1880

[14]　Raniero L, Ferreira I, Pereira L, et al. J. Non-Crystalline Solids, 2006, 352:1945

[15]　Arai D, Kondo M, Matsuda A. Sol. Energy Mater. Sol. Cells., 2006, 90:3174

[16]　Song D, Cho E C, Conibeer G, et al. Sol. Energy Mater. Sol. Cells., 2008, 92:474

[17]　Wu B R, Wu D S, Wan S, et al. Sol. Energy Mater. Sol. Cells., 2009, 93:993

[18]　Jiang C S, Moutinbo H R, Reedy R C, et al. 2012 MRS Spring Meeting, San Fracisco, California, April 9-13, 2012

[19]　Mao H Y, Lo S Y, Wuu D S, et al. Thin Solid Films, 2012, 520:5205

[20]　Cuony P, Marending M, Alexander D T L, et al. Appl. Phys. Lett., 2010, 97: 213502

[21]　Taube W R, Kumar A, Saravanan R, et al. Sol. Energy Mater. Sol. Cells., 2012, 101: 32

[22] Picraux S T, Yoo J, Campbell I H, et al. Semiconductor Nanostructures for Opto-electronic Devices, Nanoscience and Technology. Springer – Verlag Berlin Heidelberg, 2012

[23] Street R A, Qi P, Luian R, et al. Appl. Phys. Lett., 2008, 93:163109

[24] Sivakov V, Andrä G, Gawlik A, et al. Nano Lett., 2009, 9:1549

[25] Srivastava S, Kumar D, Singh P K, et al. Sol. Energy Mater. Sol. Cells., 2010, 94: 1506

[26] Kelzenberg M D, Turner-Evans D B, Kayes B, et al. Nano Lett., 2008, 8:710

[27] Peng K Q, Wang X, Wu X L, et al. Nano Lett., 2009, 9:3704

[28] Lu Y, Lal a. Nano Lett., 2010, 10:4651

[29] Garnett E, Yang P. Nano Lett., 2010, 10:1083

[30] Kim D R, Let C H, Mahesh P, et al. Nano Lett., 2011, 11:2704

[31] Yu L, O Donnell B, Foldyna M, et al. Nanotechnology, 2012, 23:194011

[32] Li X, Liang K, Tay B K, et al. Applied Surface Science, 2012, 258:6169

[33] Eisenhawer B, Sensfuss S, Sivakov V, et al. Nanotechnology, 2011, 22:315401

[34] Davenas J, Boiteux G, Gornu D, et al. Synth. Meter., 2011, 10:1016

[35] Ozdemir B, Kulakci M, Turan R, et al. Appl. Phys. Lett., 2011, 99:113510

[36] Moiz S A, Nahhas A M, Um H D, et al. Nanotechnology, 2012, 23:145401

[37] Zhang F, Song T, Sun B Q. Nanotechnology, 2012, 23:194006

[38] Colombo C, Hei β M, Grätzel M, et al. Appl. Phys. Lett., 2009, 94:173108

[39] Czaban J A, Thompson D A, Lapierre R R. Nano Lett., 2009, 9:148

[40] Mariani G, Wong P S, Katzenmeyer A M, et al. Nano Lett., 2011, 11:2490

[41] Tajik N, Peng Z, Kuycmov P, et al. Nanotechnology, 2011, 22:225402

[42] Wen L, Zhao Z, Li X, et al. Appl. Phys. Lett., 2011, 99:143116

[43] Lapierre R R. J. Appl. Phys., 2011, 109:034311

[44] Kymakis E, Amaratunga G A J. Appl. Phys. Lett., 2002, 80:112

[45] Li Z, Kunets V P, Saini V. Appl. Phys. Lett., 2008, 93:243117

[46] Wei J, Jia Y, Shu Q, et al. Nano Lett., 2007, 7:2317

[47] Li F, Cho S H, Son D I, et al. Appl. Phys. Lett., 2009, 94:111906

[48] Wang H, Bai X, Wei J, et al.Mater. Lett., 2012, 79:106

[49] Jia Y. Cao A, Bai X, et al. Nano Lett., 2011, 11:1895

[50] 彭英才, Miyazaki S, 徐骏, 等. 真空科学与技术学报, 2009, 29:411

[51] 熊绍珍, 朱美芳. 太阳能电池基础与应用. 北京: 科学出版社, 2009

[52] Yang W, Wan F, Wang Y, et al. Appl. Phys. Lett., 2009, 95:133121

[53] Liu Y, Wang H, Li M, et al. Appl. Phys. Lett., 2009, 95:233505

[54] Alivov Y, Fan Z Y. Appl. Phys. Lett., 2009, 95:063504

[55] Wang M, Huang C, Cao Y, et al. Appl. Phys. Lett., 2009, 94:263506

[56] Bala H, Jiang L, Fy W, et al. Appl. Phys. Lett., 2010, 97:153108

[57] Kusama H, Kurashige M, Sayama K, et al. J. Photochem. Photobiol. A:Chemistry, 2007, 189:100

[58] Hsiao P T, Wang K P, Cheng C W, et al. J. Photochem. Photobiol. A:Chemistry, 2007, 188:19

[59] Wei P, Tao Z, Ishikawa Y. et al. Appl. Phys. Lett., 2010, 97:131906

[60] Li Y, Lee W, Lee D K, et al. Appl. Phys. Lett., 2011, 98:103301

[61] Sun S, Gao L, Liu Y. Appl. Phys. Lett., 2010, 96:083113

[62] Zhang X, Wang S T, Wang Z S. Appl. Phys. Lett., 2011, 99:113503

[63] Leschkies K S, Divakar R, Basu J, et al. Nano Lett., 2007, 7:1793

[64] Chen J, Song J L, Sun X W, et al. Appl. Phys. Lett., 2009, 94:153115

[65] Shen Q, Yamada A, Tamura S, et al. Appl. Phys. Lett., 2010, 97:123107

[66] Fan S Q, Fang B, Kim J H, et al. Appl. Phys. Lett., 2010, 96:063501

[67] Sun S, Gao L, Liu Y, et al. Appl. Phys. Lett., 2011, 98:093112

[68] Lin S C, Lee Y L, Chang C H, et al. Appl. Phys. Lett., 2007, 90:143517

[69] Jung S W, Park J H, Lee W, et al. J. Appl. Phys., 2011, 110:054301

[70] Hachiya S, Onishi Y, Shen Q, et al. J. Appl Phys., 2011, 110:054319

[71] Jung S W, Kim J H, Kim H, et al. J. Appl. Phys., 2011, 110:044313

[72] Lee Y L, Lo Y S. Adv. Funct. Mater., 2009, 19:604

[73] Liu Z, Miyauchi M, Uemura Y, et al. Appl. Phys. Lett., 2010, 96:233107

[74] Huang S, Zhang Q, Huang H, et al. Nanotechnology, 2010, 21:375201

第 7 章　量子点中间带太阳电池

在光照射条件下，半导体将吸收光子能量而产生载流子的激发跃迁。对于单带隙材料而言，能量低于带隙的光子不能被吸收，所以电子不能从价带 (VB) 激发到导带 (CB) 中去，故不能形成光生电流，这是造成太阳电池转换效率不高的主要原因。因此人们设想，如果在禁带中再引入另一个中间带 (IB)，原来不能被吸收的低能光子有可能被价电子吸收而跃迁到中间带，然后它再吸收另一个低能光子从中间带跃迁到导带中，以实现多光子吸收。在这种情形下，太阳电池的输出光电流是由 VB→CB、VB→IB 和 IB→CB 三种跃迁途径形成的光电流总和，从而可以大大提高太阳电池的转换效率。作为中间带材料，可以在带隙中引入某些稀土材料、过渡金属材料和有机/无机复合材料。采用这类材料制作的太阳电池，就是通常意义上的中间带太阳电池 (IBSC)。而量子点中间带太阳电池 (QD-IBSC) 是将具有相对较窄带隙的量子点阵列结构嵌入某种宽带隙的基质材料中制作的太阳电池，其理论转换效率可高达 60%以上[1]。

本章的主要内容分为以下三个部分：第一部分简要介绍中间带半导体材料的形成方法；第二部分为中间带太阳电池，首先介绍中间带太阳电池的能量上转换原理和细致平衡模型，然后讨论一种典型的 ZnTe:O 中间带太阳电池的光伏性能；第三部分将重点分析与讨论量子点中间带太阳电池，主要内容包括量子点中间带材料的物理优势、量子点中间带太阳电池的理论转换效率、p-i-n 量子点结构中间带太阳电池的构建与实现以及提高转换效率的技术对策等。

7.1　中间带半导体材料的形成方法

为了设计和制作高效率的中间带太阳电池，首要任务是能够制备出合乎要求的中间带半导体材料。大家知道，通过掺杂可以在半导体的禁带中形成杂质能级，但不管是浅能级杂质还是深能级杂质，均不能形成中间带。其主要原因是：①杂质原子的浓度普遍较低、原子间距较大，因此杂质原子之间难以形成有效的相互作用；②杂质原子呈随机分布状态，因此其势场不具有周期性。目前，人们初步提出了以下三种形成中间带的技术方案。

第一种方案是以传统的半导体为宿主材料，由它们提供导带和价带，然后通过掺入杂质原子形成中间带，但所掺入的杂质应能满足以下几个条件：①杂质原子的本征能级应位于宿主半导体的禁带中；②杂质原子的浓度足够高、间距足够小，原子与原子之间存在较强的相互作用；③杂质原子的位置具有周期排列性；④杂质原子对宿主半导体的导带和价带影响较小。采用第一性原理计算得出，一般采用Ⅲ -Ⅴ族化合物 (如 GaN、GaP) 或Ⅱ - Ⅵ族化合物 (如 ZnS、ZnSe、ZnTe) 等作为宿主半导体，而采用以第四周期的过渡元素 (如 Ti、Cr、Mn、Fe、Co、Ni、Cu 等) 作为杂质原子[2]。然而，以上方法存在两个困难，一是理论计算和实际特性二者之间存在一定差异，二是材料制备工艺有较大困难。

为了降低工艺制作难度，人们又提出了一些相对较简单的第二种技术方案，即采用离子注入掺杂等方法实现。已有研究者提出了在Ⅱ - Ⅵ族化合物中注入 O，然后利用快速退火方法合成中间带材料的方法，这些材料主要有 ZnO_xTe_{1-x}、CdO_x Te_{1-x}、$Zn_{0.88}Mn_{0.12}O_xTe_{1-x}$ 以及 $ZnTe{:}O$ 等[3]。

采用周期性量子点结构作为中间带，可能是一种最有希望的技术途径[4,5]。这种量子点阵列可以形成周期性分布的有限深势阱和有限高势垒，使对应的本征能级分裂成中间带。但就目前的自组织生长工艺来说，其主要困难是难以形成具有严格周期排列和尺寸大小均匀的量子点阵列，因此引入量子点后将会对其他特性 (如光吸收、载流子逃逸以及隧穿输运等) 带来不利影响。关于这些内容，将在其后进行详细讨论。

7.2   中间带太阳电池的细致平衡模型

7.2.1   中间带半导体的能量上转换原理

中间带太阳电池是一种典型的能量上转换光伏器件，其物理含义是将太阳光中不能被直接吸收的低于带隙能量的光子进行上转换加以利用。也就是说，引入中间带材料等于进一步拓宽了光伏材料对太阳光谱的波长吸收范围，这对提高太阳电池的转换效率是十分有利的。图 7.1(a) 和 (b) 是一个中间带太阳电池的能带结构和理论计算优化的中间带位置，它将导带和价带之间的总能隙 E_g 分成两个子带隙，即上子能带 E_L 和下子能带 E_H。当入射光子被太阳电池吸收时，电子的跃迁不仅发生在导带与价带之间，而且还发生在价带与中间带之间和中间带与导带之间，即可以吸收具有不同能量的光子，从而使光子的利用率得以提高[6]。中间带最好是部分填充的 (或是半满的)，这样可以有效接收价带的电子，并能向导带提供足够数量的电子。太阳电池的输出电压由导带和价带的准费米能级之差决定，而不受子能带 E_L 和 E_H 的影响，因此输出电压保持恒定。由于低能光子得到了有效利用，所以太阳电池的光电流可以明显增加。例如，对于一个 $E_g{=}1.95eV$、$E_L{=}0.71eV$ 和 $E_H{=}1.24eV$ 的优化带隙组合中间带太阳电池，在最大聚光条件下的理论转换效率为 63%。为了能够实现人们所预期的中间带太阳电池，需要在中间带的材料选择、太阳电池的结构形式和光吸收特性的改善等方面进行统筹优化考虑。

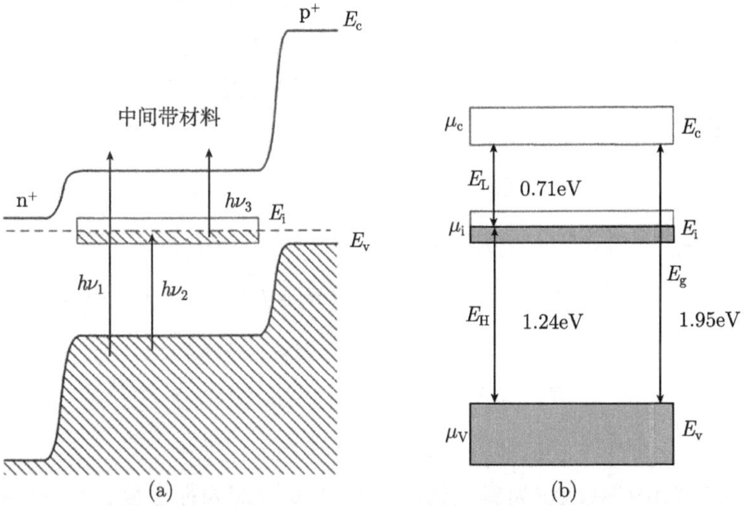

图 7.1　中间带太阳电池的能带结构 (a) 和理论计算优化的中间带能量位置 (b)

7.2.2　Luque 与 Marti 细致平衡模型

转换效率是太阳电池的一个最主要光伏参数。1997 年，Luque 和 Marti 首次采用细致平衡模型研究了中间带太阳电池的理论转换效率，图 7.2(a) 给出了一个中间带太阳电池的能带图[7]。为了便于分析问题，需作出如下六个假定：①被太阳电池吸收的一个光子只能产生一个电子–空穴对，并且载流子在带内迅速被加热和弛豫；②作为复合过程，仅考虑发光的辐射复合；③光吸收层中的准费米能级与位置无关，电子与空穴具有相同的分布状态；④光吸收层足够厚，而且表面的光反射损失可以忽略；⑤各带间的光吸收谱不发生重叠；⑥在太阳电池内部，由光吸收产生的载流子和因复合消失的载流子以及作为电流输出到外部的载流子，处于一个动态平衡状态。因此，有

$$\frac{J}{q} = G_{CV} + G_{IC} - R_{CV} - R_{CI} \quad (\text{导带}) \tag{7.1}$$

$$0 = G_{IC} - G_{VI} - R_{CI} + R_{IV} \quad (\text{中间带}) \tag{7.2}$$

$$\frac{J}{q} = G_{CV} + G_{VI} - R_{CV} - R_{IV} \quad (\text{价带}) \tag{7.3}$$

式 (7.1)～ 式 (7.3) 中，J 为电流密度；q 为电子电荷；G_{CV}、G_{IC} 和 G_{VI} 分别为 VB→CB、IB→CB 和 VB→IB 的载流子产生速率；R_{CV}、R_{CI} 和 R_{IV} 分别为 CB→VB，CB→IB 和 IB→VB 的载流子复合速率。

在 $E_{\min} \sim E_{\max}$ 整个能量范围内的光子流可表示为

$$N(E_{\min}, E_{\max}, T, \mu) = \frac{2\pi}{h^3 c^2} \int_{E_{\min}}^{E_{\max}} \frac{E^2}{\exp\left[(E - \mu)/kT\right] - 1} \mathrm{d}E \tag{7.4}$$

式中，h 为普朗克常量；c 为真空中的光速；k 为玻尔兹曼常量；μ 为电子–空穴对的化学势。采用式 (7.4)，式 (7.1)~ 式 (7.3) 中的载流子产生率和复合率可由以下各式给出，即

$$G_{\mathrm{CV}} = X f_{\mathrm{s}} N(E_{\mathrm{g}}, \infty, T_{\mathrm{s}}, 0) + (1 - X f_{\mathrm{s}}) N(E_{\mathrm{g}}, \infty, T_0, 0) \tag{7.5}$$

$$G_{\mathrm{IC}} = X f_{\mathrm{s}} N(E_{\mathrm{IC}}, E_{\mathrm{VI}}, T_{\mathrm{s}}, 0) + (1 - X f_{\mathrm{s}}) N(E_{\mathrm{IC}}, E_{\mathrm{VI}}, T_0, 0) \tag{7.6}$$

$$G_{\mathrm{VI}} = X f_{\mathrm{s}} N(E_{\mathrm{VI}}, E_{\mathrm{g}}, T_{\mathrm{s}}, 0) + (1 - X f_{\mathrm{s}}) N(E_{\mathrm{VI}}, E_{\mathrm{g}}, T_0, 0) \tag{7.7}$$

$$R_{\mathrm{CV}} = N(E_{\mathrm{g}}, \infty, T_0, E_{\mathrm{Fn}} - E_{\mathrm{Fp}}) \tag{7.8}$$

$$R_{\mathrm{CI}} = N(E_{\mathrm{IC}}, E_{\mathrm{VI}}, T_0, E_{\mathrm{Fn}} - E_{\mathrm{FIB}}) \tag{7.9}$$

$$R_{\mathrm{IV}} = N(E_{\mathrm{VI}}, E_{\mathrm{g}}, T_0, E_{\mathrm{FIB}} - E_{\mathrm{Fp}}) \tag{7.10}$$

式 (7.5)~ 式 (7.10) 中，X 为集光倍率；T_{s} 为太阳的表面温度；T_0 为周围环境和太阳电池的温度；f_{s} 是由太阳的直径和太阳与地球之间的距离决定的系数，$f_{\mathrm{s}} = 2.16 \times 10^{-5}$。在式 (7.5)~ 式 (7.7) 中，右边的第二项贡献较小，是来自周围环境辐射的影响。由输出电压

$$V = (E_{\mathrm{Fn}} - E_{\mathrm{Fp}})/q \tag{7.11}$$

可以求出电流–电压特性。将最大输出功率

$$P_{\max} = J_{\max} V_{\max} \tag{7.12}$$

除以入射光功率，就可以得到太阳电池的转换效率。图 7.2(b) 给出了在 T_{s}=6000K 和 T_0=300K 时太阳电池的理论转换效率。由图可见，对于中间带太阳电池，在非聚光条件下 (E_{g}=2.4eV，E_{IC}=0.93eV)，最高转换效率为 47%；而在聚光条件下 (E_{g}=1.9eV，E_{IC}=0.7eV)，最高转换效率高达 63%，此值远高于单结太阳电池的最高转换效率 40.7%。

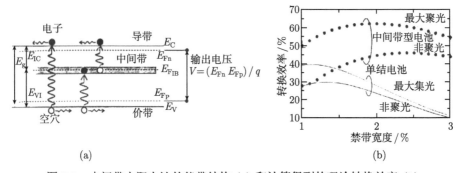

图 7.2　中间带太阳电池的能带结构 (a) 和计算得到的理论转换效率 (b)

作为一个具体实例,Marti 等[8] 研究了 $In_{1-x}Ga_xN$:Mn 中间带太阳电池的理论转换效率。图 7.3(a) 是 $In_{1-x}Ga_xN$:Mn 半导体材料的能带图。很显然,随着组分数 x 的改变,禁带宽度 E_g、子带隙能量 E_L 和 E_H 都将随之发生变化。图 7.3(b) 是理论计算得到的 $In_{1-x}Ga_xN$:Mn 中间带太阳电池的转换效率。由图可以看到,在 T_s=6000K、T_0=300K 和 x=0.22 的条件下,其峰值转换效率为 53.4%,此值比单带隙太阳电池的最高转换效率 (40.7%) 高 12.7%。在 53.4% 的总转换效率中,由 VB→CB、IB→CB 和 VB→IB 激发跃迁对转换效率的贡献分别为 40.74%、4.08% 和 8.55%。由图还可以看出,有 Mn 掺杂的 $In_{1-x}Ga_xN$ 中间带太阳电池的转换效率远高于无 Mn 掺杂的 $In_{1-x}Ga_xN$ 中间带太阳电池。

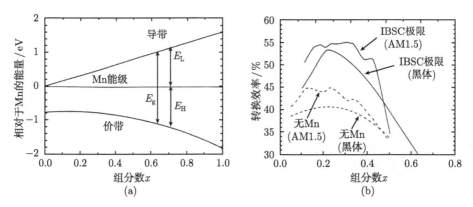

图 7.3 $In_{1-x}Ga_xN$:Mn 半导体材料的能带图 (a) 和理论转换效率 (b)

7.2.3 Strandberg 与 Reenaas 细致平衡模型

1. 模型描述

2009 年,Strandberg 和 Reenaas 提出了用于光填充中间带太阳电池的细致平衡模型,并理论计算了其转换效率[9]。该模型与通常的细致平衡模型有以下三个主要区别:①中间带的电子浓度将随太阳电池电压、中间带态密度和中间带位置发生改变;②中间带的光填充效应允许电子的两步光产生过程能够有效发生;③聚光强度将显著影响中间带的填充效应。该模型的核心是,可以采用连续性方程描述电池电压与准费米能级之间的相互关系。

图 7.4(a) 给出了具有载流子产生与复合过程的中间带太阳电池的能带图。其中,E_{Fn}、$E_{F_{IB}}$ 和 E_{Fp} 分别为导带、中间带和价带的准费米能级;E_{VI} 和 E_{IC} 分别是从 VB→IB 和 IB→CB 的能量。图 7.4(b) 则给出了对于一个短路中间带太阳电池在三种不同条件下的简化能带图。其中,①表示具有光填充的中间带太阳电池;②表示具有预填充的中间带太阳电池,但中间带的电子浓度 n_{IB} 是增加的,以满足

连续性方程的要求；③也表示具有预填充中间带的太阳电池，但 n_{IB} 是减少的，这也同样是为了满足连续性方程的要求。

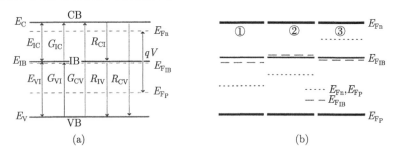

图 7.4　中间带太阳电池的载流子产生与复合过程 (a) 和光照条件下的准费米能级示意图 (b)

在稳态条件下，中间带太阳电池中的载流子产生与复合处于一个动态平衡，因此有

$$G_{\text{VI}} - G_{\text{IC}} + R_{\text{CI}} - R_{\text{IV}} = \int_0^{\text{W}} (g_{\text{VI}} - g_{\text{IC}} + r_{\text{CI}} - r_{\text{IV}})\text{d}x = 0 \qquad (7.13)$$

式中，W 为太阳电池的吸收层厚度；g_{VI} 和 g_{I} 分别为每单位体积的载流子产生速率；r_{CI} 和 r_{IV} 分别为每单位体积的载流子复合速率。

中间带太阳电池的电荷中性方程可表示为

$$n + n_{\text{IB}} - p - N_{\text{d}}^+ = 0 \qquad (7.14)$$

式中，n 和 p 分别为导带和价带中的电子与空穴浓度；n_{IB} 为中间带的电子浓度；N_{d}^+ 是用于预填充中间带的电离施主杂质浓度。式 (7.14) 中的 n、p 和 n_{IB} 可分别由以下三式给出，即

$$n = N_{\text{C}}\text{e}^{-(E_{\text{C}} - E_{\text{Fn}})/kT} \qquad (7.15)$$

$$p = N_{\text{V}}\text{e}^{-(E_{\text{Fp}} - E_{\text{V}})/kT} \qquad (7.16)$$

$$n_{\text{IB}} = \frac{N_{\text{IB}}}{\text{e}^{(E_{\text{FIB}} - E_{\text{IB}})/kT} + 1} \qquad (7.17)$$

式 (7.15)～式 (7.17) 中，E_{Fn}、E_{Fp} 和 E_{FIB} 分别为导带、价带和中间带的准费米能级；N_{C} 和 N_{V} 分别为导带底和价带顶的有效状态密度；E_{C} 和 E_{V} 分别为导带底和价带顶的能量；N_{IB} 为中间带内每单位体积的电子态数目。在考虑载流子产生与复合的情况下，中间带太阳电池的电流密度可由下式给出，即

$$J = q(G_{\text{CV}} + G_{\text{IC}} - R_{\text{CV}} - R_{\text{IV}}) \qquad (7.18)$$

很显然，式 (7.18) 与式 (7.3) 完全相同。

2. 转换效率

基于上述的细致平衡模型，可以计算光填充中间带太阳电池的理论转换效率。图 7.5(a) 和 (b) 分别给出了在 1sun 照射条件下光填充和预填充中间带太阳电池的转换效率与次带隙 E_{VI} 和 E_{IC} 的依赖关系，各自的最高转换效率分别为 33.9% 和 46.7%。由图还可以看出，与预填充中间带太阳电池相比，光填充中间带太阳电池的峰值转换效率是在较小的 E_{VI} 和 E_{IC} 下获得的。这是因为较小的带隙可以有效增加光子数量，以使足够的电子能够从价带被激发到导带中去。当光光照射强度为 1000sun 时，光填充和预填充中间带太阳电池的转换效率比较接近，前者为 56.8%，后者为 57.2%。

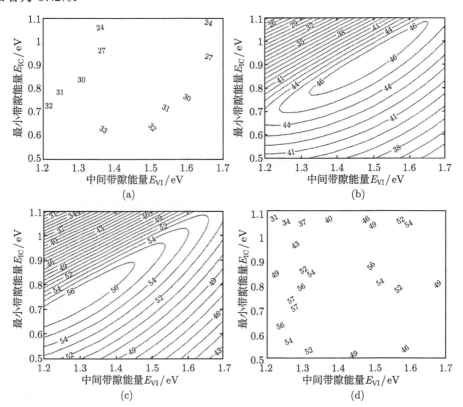

图 7.5 非聚光 (a) 与 (b) 和聚光 (c) 与 (d) 条件下中间带太阳电池的转换效率

更进一步，图 7.6(a) 给出了当 E_g=2.15eV、E_{VI}=1.35eV 和 E_{IC}=0.8eV 时，中间带太阳电池的转换效率随聚光强度的变化关系。图中的实线是预填充中间带太阳电池的转换效率，随聚光强度呈线性增加趋势；图中的点线、短线和点划线分别给出了 N_{IB}=1×10^{17}cm^{-3}、N_{IB}=5×10^{17}cm^{-3} 和 N_{IB}=1×10^{18}cm^{-3} 三种电子态数目下，光填充中间带太阳电池的转换效率与聚光强度的关系。由图可以看出，在相同聚光条件下，轻掺杂浓度的光填充太阳电池具有相对较高的转换效率。为了考察光吸收特性对中间带太阳电池转换效率的影响，图 7.6(b) 给出了当 $N_{\text{IB}}=1\times10^{16}\text{cm}^{-3}$、$N_{\text{IB}}=1\times10^{17}\text{cm}^{-3}$ 和 $N_{\text{IB}}=10^{18}\text{cm}^{-3}$ 时，转换效率随 $\sigma N_{\text{IB}} W$ 的变化。其中，σ 为光吸收截面，W 为吸收层厚度。易于看出，当 $\sigma N_{\text{IB}} W < 4$ 时，转换效率随 $\sigma N_{\text{IB}} W$ 迅速增加；而当 $\sigma N_{\text{IB}} W > 4$ 时，转换效率基本保持为一常数值。从图中还可以看出，不同的聚光强度和掺杂浓度也直接影响其转换效率。

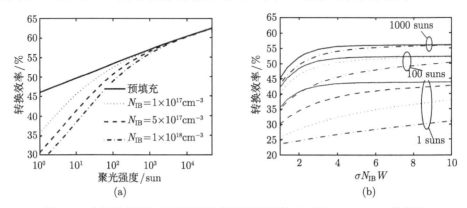

图 7.6　中间带太阳电池的转换效率随聚光强度 (a) 和 $\sigma N_{\text{IB}} W$(b) 的变化

7.3　ZnTe:O 中间带太阳电池的光伏性能

7.3.1　光谱响应特性

ZnTe 是一种典型的 II - VI族半导体材料，其禁带宽度 $E_g=2.3\text{eV}$。将 O 注入 ZnTe 中，所形成的 ZnTe:O 具有中间带半导体性质，其子能带宽度为 $E_L=0.5\text{eV}$ 和 $E_H=1.5\text{eV}$。图 7.7(a) 和 (b) 分别给出了一个 ZnTe:O 中间带太阳电池的光学跃迁过程和器件的能带结构[10]。

中间带的引入进一步拓宽了 ZnTe:O 太阳电池的光谱吸收波长。图 7.8(a) 给出了 ZnTe:O 和 ZnTe 吸收层的光谱吸收特性。对于 ZnTe 光伏器件，仅在 2.25eV 能量附近呈现出一个尖锐的光吸收峰，而在其他能量范围光吸收则迅速衰减。在高能端光谱响应的减弱归因于重掺杂 p-ZnTe 覆盖层，这是由于较短的载流子扩散长度降低了载流子收集效率的缘故；而低能端光谱响应的减弱是由于大的带边失调值使载流子从 n-GaAs 返回到 p-ZnTe 中去，使得 GaAs 衬底对光生电流没有贡献。与此相比，ZnTe:O 光伏器件则在 1.5~2.5eV 的宽能量范围内呈现出一个较强的光谱响应特性，这显然是中间带光生载流子的光吸收跃迁起了一个重要的作用。图 7.8(b) 给出了一个 ZnTe:O 中间带太阳电池在 AM1.5 光照条件下的光伏特性。由图可以看出, ZnTe 太阳电池的 $J_{\mathrm{sc}}=1.8\mathrm{A/cm^2}$, 而 ZnTe:O 太阳电池的 $J_{\mathrm{sc}}=3.6\mathrm{A/cm^2}$, 后者比前者增加了一倍, 但 V_{oc} 则有所降低。短路电流密度的增加归因于扩展的带边光吸收增强和光生载流子数目的增加, 而开路电压的降低则与其中的非辐射复合过程有关。

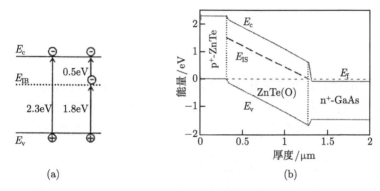

(a)　　　　　　　　　　　　　　　(b)

图 7.7　ZnTe:O 中间带太阳电池的光学跃迁 (a) 和能带结构 (b)

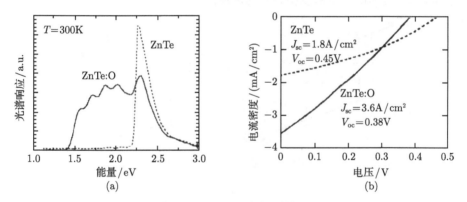

(a)　　　　　　　　　　　　　　　(b)

图 7.8　ZnTe:O 中间带太阳电池的光学跃迁 (a) 和光伏特性 (b)

7.3.2　载流子的产生与复合

在中间带太阳电池中, 中间带提供了一个附加的载流子产生与复合通道。从 VB→IB 和从 IB→CB 的载流子产生速率可分别由以下二式表示[11], 即

$$G_{\mathrm{IC}}(x)=\int_{E_{\mathrm{L}}}^{E_{\mathrm{H}}}\alpha_{\mathrm{IC}}(E)I_0(E)\exp[-\alpha_{\mathrm{tot}}(E)x]\mathrm{d}E \qquad (7.19)$$

$$G_{\mathrm{VI}}(x)=\int_{E_{\mathrm{H}}}^{E_{\mathrm{G}}}\alpha_{\mathrm{VI}}(E)I_0(E)\exp[-\alpha_{\mathrm{tot}}(E)x]\mathrm{d}E \qquad (7.20)$$

式中，$I_0(E)$ 是太阳光谱的入射强度，它是光子能量 E 的函数；$\alpha_{\rm IC}$ 和 $\alpha_{\rm VI}$ 分别表示从 IB→CB 和从 VB→IB 跃迁的吸收系数。图 7.9(a) 和 (b) 分别给出了中间带太阳电池中载流子的产生与复合过程以及光吸收系数与能量的关系。太阳光谱的入射程度可由下式给出，即

$$I_0(E) = f_{\rm s} X \frac{2\pi}{h^3 c^2} \frac{E^2}{\exp\left(\dfrac{E}{kT_{\rm s}}\right) - 1} \tag{7.21}$$

式中，$f_{\rm s}$=1/460 50 为太阳光照射的立体角；X 为太阳光的聚光倍率；$T_{\rm s}$=5963K 为太阳光的温度；k 为玻尔兹曼常量；c 为光速；h 为普朗克常量。由光跃迁导致的吸收系数与载流子在中间带电子态的占有率直接相关，并可表示为

$$\alpha_{\rm IC} = \alpha_{\rm IC0} f, \quad \alpha_{\rm VI} = \alpha_{\rm VI0}(1 - f) \tag{7.22}$$

式中，f 为载流子在中间带的填充率；$\alpha_{\rm IC0}$ 和 $\alpha_{\rm VI0}$ 为吸收系数，它们是一个与跃迁振荡强度和能带的电子态密度相关的物理量。

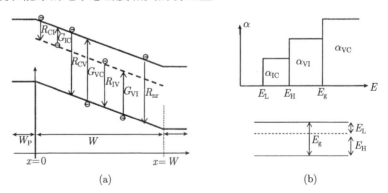

图 7.9　载流子的产生与复合过程 (a) 和光吸收系数 (b)

电子与空穴的净复合寿命可分别表示为

$$1/\tau_{\rm n,tot} = 1/\tau_{\rm CI} + 1/\tau_{\rm CV} + 1/\tau_{\rm n,int} + \frac{1}{\tau_{\rm nr}} \tag{7.23}$$

$$1/\tau_{\rm p,tot} = 1/\tau_{\rm IV} + 1/\tau_{\rm CV} + 1/\tau_{\rm p,int} + \frac{1}{\tau_{\rm nr}} \tag{7.24}$$

式中，$\tau_{\rm CV}$、$\tau_{\rm CI}$ 和 $\tau_{\rm IV}$ 分别表示载流子从 CB→VB、CB→IB 和 IB→VB 的辐射复合寿命；$\tau_{\rm n,int}$ 和 $\tau_{\rm p,int}$ 分别为电子与空穴的内复合寿命，是一个与中间带太阳电池中三种跃迁光吸收谱重叠有关的量；$\tau_{\rm nr}$ 为非辐射复合寿命。载流子辐射复合寿命 $\tau_{\rm CI}$ 和 $\tau_{\rm IV}$ 可由以下二式给出，即

$$\tau_{\mathrm{CI}} = \left[\frac{1}{n_0}\frac{2\pi}{h^3 c^2}\int_{E_{\mathrm{L}}}^{E_{\mathrm{H}}}\alpha_{\mathrm{IC}}\exp\left(-\frac{E}{kT}\right)E^2\mathrm{d}E\right]^{-1} \tag{7.25}$$

$$\tau_{\mathrm{IV}} = \left[\frac{1}{p_0}\frac{2\pi}{h^3 c^2}\int_{E_{\mathrm{H}}}^{E_{\mathrm{g}}}\alpha_{\mathrm{VI}}\exp\left(-\frac{E}{kT}\right)E^2\mathrm{d}E\right]^{-1} \tag{7.26}$$

式中，n_0 和 p_0 分别表示平衡电子与空穴浓度；E_{L}、E_{H} 和 E_{g} 分别表示吸收跃迁的带边能量。

7.3.3 电流输运理论

产生在中间带太阳电池中的电流由以下几个部分组成，即由 VB→CB 的光学跃迁而产生的光电流 $J_{\mathrm{ph,baseline}}$，通过中间带的光跃迁产生的电子电流 $J_{\mathrm{ph,IB,n}}$ 和空穴电流 $J_{\mathrm{ph,IB,p}}$ 以及光伏器件的暗电流 J_{D} 等。现对这三种电流成分作简单分析，如下所述[12]。

1. VB→CB 的光产生电流 $J_{\mathrm{ph,baseline}}$

由价带到导带的载流子跃迁所导致的光电流可表示为

$$J_{\mathrm{ph,baseline}} = J_{\mathrm{L0}}D[1 - \exp(-1/D)] \tag{7.27}$$

$$D = l_{\mathrm{C}}\left(1 - \frac{V_{\mathrm{a}}}{V_{\mathrm{bi}}}\right)\Big/W \tag{7.28}$$

$$l_{\mathrm{c}} = l_{\mathrm{n}} + l_{\mathrm{p}} = \mu_{\mathrm{n}}F\tau_{\mathrm{n,tot}} + \mu_{\mathrm{p}}F\tau_{\mathrm{p,tot}} \tag{7.29}$$

式 (7.27)～式 (7.29) 中，W 为吸收层的厚度；J_{L0} 为大反向偏压下的光电流密度；μ_{n} 和 μ_{p} 分别为电子与空穴的迁移率；$\tau_{\mathrm{n,tot}}$ 和 $\tau_{\mathrm{p,tot}}$ 分别为电子与空穴的总寿命值；F 为电场强度；l_{n} 和 l_{p} 分别为电子与空穴的漂移距离；V_{bi} 为内建电势；V_{a} 为外加偏压。

2. 通过中间带的光产生电流 $J_{\mathrm{ph,IB,n}}$ 和 $J_{\mathrm{ph,IB,p}}$

在光照或外加偏压条件下，中间带太阳电池中会产生过剩载流子。其连续性方程可表示为

$$v_{\mathrm{n}}\frac{\mathrm{d}\Delta n(x)}{\mathrm{d}x} + \frac{\Delta n(x)}{\tau_{\mathrm{n,tot}}} = G_{\mathrm{IC}}(x), \quad \Delta n(0) = 0 \tag{7.30}$$

式中，$v_{\mathrm{n}} = \mu_{\mathrm{n}}F$ 和 $F = V_{\mathrm{bi}}/W$。求解连续性方程 (7.30)，可以得到

$$\Delta n(x) = \int_0^x G_{\mathrm{IC}}(x)\exp\left(\frac{x - W}{l_n}\right)\mathrm{d}x \tag{7.31}$$

式中，$l_n = v_n \tau_{n,\text{tot}}$ 为电子的漂移距离。通过中间带的电子和空穴光电流密度可分别表示为

$$J_{\text{ph,IB,n}} = qv_n \Delta n(W) = q \int_0^W G_{\text{IC}}(x) \exp\left(\frac{x - W}{l_n}\right) \text{d}x \tag{7.32}$$

$$J_{\text{ph,IB,p}} = qv_p \Delta p(0) = q \int_0^W G_{\text{VI}}(x) \exp\left(\frac{-x}{l_p}\right) \text{d}x \tag{7.33}$$

如果将中间带的填充率 f 引入到式 (7.32) 和式 (7.33) 中，则有

$$\begin{aligned} J_{\text{ph,IB,n}}(f) &= q \int G_{\text{IC}}(x, f) \exp\left(\frac{x - W}{l_n}\right) \text{d}x \\ &= q \int G_{\text{VI}}(x, f) \exp\left(\frac{-x}{l_p}\right) \text{d}x \end{aligned} \tag{7.34}$$

3. 暗电流 J_D

中间带太阳电池的暗电流 J_D 可由下式给出，即

$$J_D = J_{\text{diff}} + J_{\text{r,CV}} + J_{\text{r,CI}} + J_{\text{nr}} \tag{7.35}$$

式 (7.35) 中，第一项为扩散电流密度，且有

$$J_{\text{diff}} = \left(\frac{qn_i^2 D_n}{N_D W_p} + \frac{qn_i^2 D_p}{N_A W_n}\right) \left[\exp\left(\frac{qV_a}{kT}\right) - 1\right] \tag{7.36}$$

式中，V_a 为外加偏压；W_p 和 W_n 分别为 p 型和 n 型发射层的厚度；N_A 和 N_D 分别为 p 型和 n 型发射区的受主与施主浓度；n_i 为本征载流子浓度；D_n 和 D_p 分别为电子和空穴扩散系数。其中，$W_p = W_n = 0.1\mu\text{m}$，$N_A = N_D = 10^{19}\text{cm}^{-3}$。式 (7.35) 中的第二项为 CB→VB 的辐射复合电流密度，其中由导带到价带的辐射复合电流密度为

$$J_{\text{r,CV}} = q \frac{2\pi}{h^3 c^2} \int_{E_g}^{\infty} \text{e}^{-E/kT} E^2 (1 - \text{e}^{\alpha \text{vc} W}) \text{d}E \times \left[\exp\left(\frac{qV_a}{kT}\right) - 1\right] \tag{7.37}$$

而通过中间带的辐射复合电流密度为

$$J_{\text{r,CI}} = J_{0,\text{r,CI}} \left[\exp\left(\frac{q\mu_{\text{CI}}}{kT}\right) - 1\right] = J_{0,\text{r,CI}} \left\{\exp\left[\frac{qV_a(1 - \xi)}{kT}\right] - 1\right\} \tag{7.38}$$

式中，$\mu_{\text{CI}} = E_{F_n} - E_{F_{\text{IB}}}$ 表示 CB 与 IB 之间的能级分裂；$0 < \xi < 1$。式 (7.35) 中的第四项为非辐射复合电流密度，且有

$$J_{\text{nr}} = \frac{qn_i W}{2\tau_{\text{tot}} \gamma} \left[\exp\left(\frac{qV_a}{2kT}\right) - 1\right] \tag{7.39}$$

式中，$\gamma = 1 + \tau_{nr}/\tau_r$。于是，中间带太阳电池的总电流密度为

$$J = J_D - (J_{ph,baseline} + J_{ph,IB}) \tag{7.40}$$

而功率转换效率为

$$\eta = \frac{J_{sc}V_{oc}FF}{I_{sun}} \tag{7.41}$$

式中，J_{sc} 为短路电流密度；V_{oc} 为开路电压；FF 为填充因子；I_{sun} 为太阳光辐照强度。

7.3.4 影响转换效率的因素

1. 中间带的能量位置与载流子占有率

中间带的能量位置和载流子占有率强烈影响太阳电池的转换效率，图 7.10(a) 和 (b) 分别给出了三者之间的相互依赖关系。电子态的载流子占有率是由产生与复合之间的平衡和价带到导带之间的输运过程所决定的，中间带的占有率主要影响载流子通过它而发生的光学跃迁。研究证实，半满填充的中间带是最合适的，这一点可以从图 7.10(b) 中清楚地看出，当载流子占有率约为 50% 时，太阳电池具有最高的转换效率。

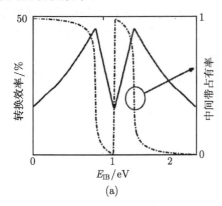
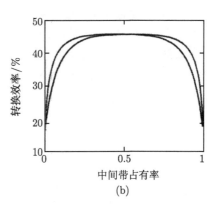

图 7.10 转换效率与中间带能量位置 (a) 和中间带占有率 (b) 的关系

2. 中间带的电子态密度

中间带的电子态密度主要影响太阳电池的光学吸收和载流子复合过程。图 7.11(a) 和 (b) 分别是当 $W=1\mu m$ 和 $W=10\mu m$ 时，在 $a_{vc}=10^{14}cm^{-1}$、$E_g=2.3eV$、$E_H=1.8eV$、$\mu_n=100cm^2/(V\cdot s)$、$\alpha_{ICO}=\alpha_{V10}=10^3cm^{-1}$ 和 $\sigma_{opt}=10^{-16}cm^2$ 的条件下，由计算得到的转换效率与电子态密度的关系。其中，σ_{opt} 为光学吸收截面，W 为光吸收层厚度，参变量 C 为俘获截面。由图可以看出，俘获截面的大小直接影响太阳电池的

转换效率，当俘获截面增加时，转换效率迅速降低，这是由于光生载流子快速弛豫的缘故。例如，当 $C=10^{-8}\mathrm{cm}^3/\mathrm{s}$ 时，中间带的优势完全丧失，其转换效率已降低到低于常规单结太阳电池的转换效率。

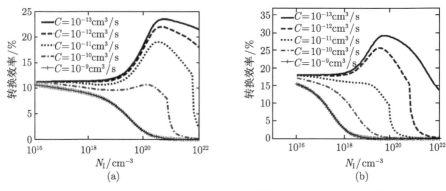

图 7.11　$W=1\mathrm{\mu m}(\mathrm{a})$ 和 $W=10\mathrm{\mu m}(\mathrm{b})$ 时转换效率与电子态密度的关系

3. 载流子复合寿命

载流子复合寿命是一个与非辐射复合过程有关的物理参量，对太阳电池转换效率的影响不容忽视。图 7.12(a) 给出了在以复合寿命为参变量的情况下，转换效率与中间带能量的关系。很显然，短的载流子寿命将显著降低太阳电池的转换效率。因为当载流子寿命较短时，会严重影响载流子收集效率，进而使光电流密度减小，所以最高转换效率发生在 $E_{\mathrm{IB}} < E_{\mathrm{g}}/2$ 或 $E_{\mathrm{IB}} > E_{\mathrm{g}}/2$ 的附近位置。图 7.12(b) 给出了转换效率随载流子寿命的变化。由图可以看出，当 $\tau < 10^{-8}\mathrm{s}$ 时，其转换效率急速减小。

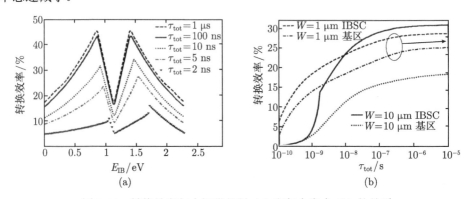

图 7.12　转换效率与中间带能量 (a) 和复合寿命 (b) 的关系

4. 载流子迁移率和基区宽度

载流子迁移率对 ZnTe:O 中间带太阳电池转换效率的影响，如图 7.13(a) 所示。

由图可见, 对于 $W=1\mu m$ 的太阳电池, 随着迁移率的增加, 其转换效率将大幅度增加, 然后达到最大值; 当基区宽度为 $W=10\mu m$ 时, 尽管载流子迁移率具有较高的值, 其转换效率明显降低。图 7.13(b) 则给出了转换效率与基区宽度的关系。对于一个理想的中间带太阳电池, 随着基区宽度 W 的增加, 转换效率将随之增加, 当达到一个最大值后又开始下降, 这说明存在一个最佳的基区宽度。研究证实, 当 $\tau_{wc}=10ns$ 时, 适宜的基区宽度为 $W=3.9\mu m$。由图还可以看出, 利用 Luque 和 Marti 的效率平衡模型计算得到的转换效率为 32.76%, 利用有限迁移率模型计算得到的转换效率为 26.87%($\tau_{tot}=10ns$) 和 23.29%($\tau_{tot}=2ns$)。

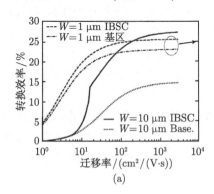 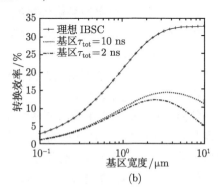

图 7.13 转换效率与迁移率 (a) 和基区宽度 (b) 的关系

7.4 量子点中间带的物理特点

如前所述, 除了利用掺杂方法实现中间带材料之外, 采用量子点结构有可能是一种最有希望的中间带半导体材料。如果将纳米量子点引入基质材料中, 通过改变量子点的尺寸大小, 可以灵活调节其能带宽度, 从而可利用量子尺寸效应改变能级分裂的距离。图 7.14(a) 和 (b) 分别给出了具有量子点结构的中间带太阳电池和量子点中间带的形成。此处的窄带隙量子点为势阱, 宽带隙半导体为势垒, 量子点中

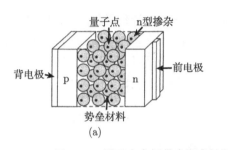 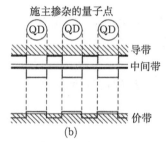

图 7.14 量子点中间带太阳电池结构 (a) 和能带结构 (b)

的能级是量子化的。由于量子点的紧密排列，势垒区很窄，电子的运动具有共有化特征，进而形成微带输运，这个微带可以起到中间带的作用。如前所述，中间带应该是半填满的，有足够的电子与空穴浓度。因此，量子点应是施主掺杂的，这样的结构可以基本满足中间带要求[13]。

　　作为量子点中间带太阳电池的有源区通常由两种材料组成，一种是基质材料，另一种是量子点中间带材料，后者被镶嵌于前者之中。对它们的要求主要有以下两点：①基质材料的禁带宽度应相对较宽，而量子点中间带材料的禁带宽度应相对较窄，此外还要求二者应有比较适宜的带隙组合，以有效拓宽对太阳光的光谱吸收范围；②二者应具有一定的晶格失配度，以便于采用 MBE 方法并基于 S-K 生长模式，使量子点中间带材料自组织形成在基质材料中。目前，作为量子点中间带太阳电池的主要材料组合是III - V族的 InAs/GaAs 体系，这是由于 GaAs 中的 InAs 量子点是制备半导体量子点结构的典型材料体系，已被大多数 MBE 系统所选择，其生长规律和技术也比较成熟。

　　然而，采用量子点中间带制备太阳电池，至今仍面临许多实际困难：①要求量子点具有规则排列，这样才能得到一致的中间带能级；②强的光吸收要求量子点密度应足够高，并且还要求部分量子点处于耗尽区等。因此，实现真正意义上的量子点中间带太阳电池尚需更多的努力。

7.5　量子点中间带太阳电池的理论转换效率

　　Wei 等[14] 理论分析了因光生载流子的产生而使量子点和势垒层之间的准费米能级之差存在时，仅由单光子吸收所贡献的转换效率。图 7.15(a) 和 (b) 分别给出了一个量子点中间带太阳电池的结构形式和简化能带图[15]。在太阳光照射下，由光生载流子所限制的光电流密度为

$$J_{pn} = q[f\phi(E_{gb}, \infty, T_S, 0) - \phi(E_{gb}, \infty, T_a, \mu_b)] + q[f\phi(E_{gw}, E_{gb}, T_s, 0)$$

$$- \phi(E_{gw}, E_{gb}, T_a, \mu_w)] = J_b + J_w \tag{7.42}$$

式中，f 为太阳光入射的立体角；E_{gb} 和 E_{gw} 分别为势垒层和量子点的禁带宽度；T_s 为太阳电池的表面温度；T_a 为太阳电池周围的环境温度；μ_b 和 μ_w 分别为势垒层和量子点区域的化学势；J_b 和 J_w 分别为由势垒层和量子点所贡献的光电流。考虑到由辐射复合而导致的反向饱和电流 J_{ob} 和 J_{ow}，则太阳电池的总电流为

$$J_{tot} = J_{ob}[\exp(qV/kT_a) - 1] - J_b + J_{ow} \times \{[\exp(qV - \Delta\mu)/kT_a] - 1\} - J_w \tag{7.43}$$

式中，$\Delta\mu = (E_{gb} - E_{gw})\xi$，参数 ξ 的取值在 0~1。

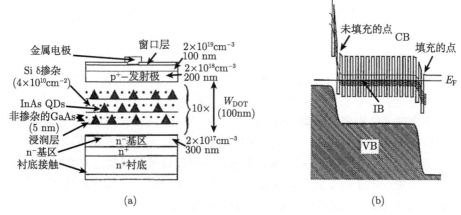

图 7.15 量子点中间带太阳电池的结构形式 (a) 和简化能带图 (b)

图 7.16 是在 T_s=5963K 和 T_a=300K 条件下，由计算得到的量子点中间带太阳电池的理论转换效率随势垒层禁带宽度 E_{gb} 的变化关系。当没有准费米能级分裂 ($\xi=0$) 时，该太阳电池的极限效率为 31%，如图 7.16 中的曲线②所示；在这种情形下，量子点中间带太阳电池的转换效率小于或者等于一个同质 pn 结太阳电池的转换效率，如图 7.16 中的曲线①所示；随着 E_{gb} 准费米能级分裂 ξ 从 0~0.5 的增加，太阳电池的转换效率随之而增加，当 E_{gb}=2.0eV 和 ξ=0.5 时，太阳电池具有最高的转换效率，即 $\eta_{max}=44.5\%$，此时的 E_{gw}=1.2eV、$\Delta\mu$=0.40eV；而随着 E_{gb} 的进一步增加，太阳电池的转换效率将随之降低，当 E_{gb}=2.75eV 时，太阳电池的效率为 40.8%，此时的 E_{gw}=1.24eV、$\Delta\mu$=0.30eV。

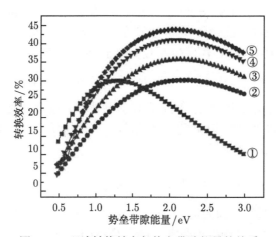

图 7.16 理论转换效率与势垒带隙能量的关系

7.6　量子点中间带太阳电池的构建与实现

7.6.1　p-i-n 量子点中间带太阳电池

p-i-n 结构最早应用于非晶 Si 薄膜太阳电池, 其主要目的是, 利用 pn 结自建电场对 i 层光生载流子所产生的漂移作用提高收集效率。一种典型 p-i-n 量子点中间带太阳电池的结构形式和能带图如图 7.17(a) 和 (b) 所示。它的主要结构特点是, 在 n+ 和 p+ 区之间的 i 层中设置了一个多层量子点, 以增加光产生电流。因为在多层垂直量子点结构中存在着强耦合效应, 光生载流子可以通过共振隧穿过程将由光激发产生的电子和空穴注入相邻的 n+ 和 p+ 区中去, 从而使其量子效率得以明显提高。通过改变 i 层厚度、量子点的尺寸、密度和层数等结构参数, 可以灵活调整光吸收谱的能量范围和光生载流子的收集效率。下面, 理论分析该 p-i-n 结构量子点太阳电池的光伏性能[16]。

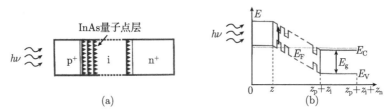

图 7.17　p-i-n 量子点中间带太阳电池的结构形式 (a) 和能带图 (b)

1. 光生电流

假设该 p-i-n 量子点太阳电池的 n 型和 p 型层由 GaAs 组成, i 层由多层 InAs 量子点组成。从 $z=0$ 的表面到耗尽区边界 $z = z_p$ 处为 p-GaAs 层。当波长为 λ 和通量为 $F(\lambda)$ 的光照射时, 在深度为 z 处的电子–空穴产生率为

$$G_p(\lambda, z) = \alpha(\lambda)[1 - R(\lambda)]F(\lambda)\exp[-\alpha(\lambda)z] \tag{7.44}$$

式中, $R(\lambda)$ 和 $\alpha(\lambda)$ 分别是 GaAs 的表面反射系数和光吸收系数。为了计算太阳电池的光生电流, 可以采用由黑体辐射曲线所描述的理论模型。在 AM1.5 条件下, 照射到电池表面的太阳光通量为

$$F(\lambda) = 3.5 \times 10^{21} \lambda^{-4} \left[\exp\left(\frac{hc}{kT_s\lambda}\right) - 1\right]^{-1} \tag{7.45}$$

式中, h 为普朗克常量; c 为光速; k 为玻尔兹曼常量, $T_s=5760\text{K}$。

在 p-GaAs 层中的过剩电子密度 $\Delta n(z)$ 满足如下方程

$$\frac{\mathrm{d}^2\Delta n(z)}{\mathrm{d}z^2} - \frac{\Delta n(z)}{L_n} + \frac{G_p(\lambda, z)}{D_n} = 0 \tag{7.46}$$

式中，L_n 和 D_n 分别为电子扩散长度和扩散系数。为了求解式 (7.46)，需要给出确定的边界条件。在耗尽区的边界处，过剩电子密度为 $\Delta n(z_p)=0$。同时，在 p-GaAs 层表面处过剩电子密度的扩散流等于表面复合电流，即

$$D_n \left.\frac{\mathrm{d}\Delta n}{\mathrm{d}z}\right|_{z=0} = S_n \Delta n(0) \tag{7.47}$$

式中，S_n 为表面复合速率。因此，求解式 (7.46) 可以得到在 $z = z_p$ 处的光产生电子流密度，即有

$$J_n(\lambda) = qF(x)[1 - R(\lambda)]\frac{\alpha_n(\lambda)}{\alpha_n^2(\lambda) - 1}\beta_n \left\{ b_n + a_n(\lambda) - \exp\left[-\frac{z_p\alpha_n(\lambda)}{L_n}\right] \right.$$

$$\left. [b_n + a_n(\lambda)]\cosh\left(\frac{z_p}{L_n}\right) + [1 + b_n a_n(\lambda)]\sinh\left(\frac{z_p}{L_n}\right) \right\} \tag{7.48}$$

式中，q 为电子电荷；β_n、b_n 和 $\alpha_n(\lambda)$ 分别由以下各式给出，即

$$\beta_n = [\cosh(z_p/L_n) + b_n\sinh(z_p/L_n)]^{-1} \tag{7.49}$$

$$b_n = S_n L_n / D_n \tag{7.50}$$

$$\alpha_n(\lambda) = \alpha(\lambda)L_n \tag{7.51}$$

于是，由 p-GaAs 区收集的总光生电流为

$$J_n^p = \int_0^{\lambda_1} J_n(\lambda)\mathrm{d}\lambda \tag{7.52}$$

式中，$\lambda_1 \approx 0.9\mu m$ 为 GaAs 的吸收截止波长。

从 n-GaAs 层收集的电流可以采用类似的方法求出。为了写出光电流的产生项，应该考虑到太阳光通过 p-GaAs 层和包含 InAs 量子点的本征层所产生的衰减。InAs/GaAs 量子点结构的光吸收范围为 1.1~1.4eV，因载流子的量子限制作用在 InAs 量子点中产生的量子化，将使得光吸收会漂移到高能端。由于 InAs 量子点的吸收带与充当势垒层的 GaAs 吸收带不重合，因此可以给出 i 层中光生载流子的产生速率，即

$$G_D(\lambda, z) = F(\lambda)[1 - R(\lambda)]\alpha_D(\lambda)\exp\left[-\alpha_D(\lambda)(z - z_p)\right] \tag{7.53}$$

式中，$\alpha_D(\lambda)$ 为 InAs 量子点的吸收系数。于是，从 InAs 量子点中产生的光电流为

$$J_D(\lambda) = q\int_{z_p}^{z_p+z_i} G_D(\lambda, z)\mathrm{d}z \tag{7.54}$$

除了 i 层中 InAs 量子点中的光生电流之外, 还有 GaAs 势垒层中的光生电流, 它可表示为

$$J_{\mathrm{b}}(\lambda) = e \int_{z_{\mathrm{p}}}^{z_{\mathrm{p}}+z_{\mathrm{i}}} G_{\mathrm{B}}(\lambda, z) \mathrm{d}z \tag{7.55}$$

式中, $G_{\mathrm{B}}(\lambda, z)$ 可由下式给出, 即

$$G_{\mathrm{B}}(\lambda, z) = F(\lambda)\big[1 - R(\lambda)\big] \exp\big[-\alpha(\lambda)z_{\mathrm{p}}\big](1 - n_{\mathrm{D}}V_{\mathrm{D}})\alpha(\lambda)\exp\big[-(1 - n_{\mathrm{D}}V_{\mathrm{D}})\alpha(\lambda)(z - z_{\mathrm{p}})\big] \tag{7.56}$$

式中, V_{D} 为单 InAs 量子点的体积; n_{D} 为量子点的体积密度。这样, i 层中的总电流可表示为

$$J_{\mathrm{i}} = q\left[\int_0^{\lambda_1} J_{\mathrm{B}}(\lambda)\mathrm{d}\lambda + \int_{\lambda_1}^{\lambda_2} J_{\mathrm{D}}(\lambda)\mathrm{d}\lambda\right] \tag{7.57}$$

因此, 光伏电池的短路电路密度为

$$J_{\mathrm{sc}} = f_{\mathrm{i}}(J_{\mathrm{n}}^{\mathrm{p}} + J_{\mathrm{p}}^{\mathrm{n}} + J_{\mathrm{i}}) \tag{7.58}$$

式中, f_{i} 表示一个电子或空穴穿过没有俘获和复合过程的 i 层的平均几率。

2. 转换效率

太阳电池的电流密度可以表示如下

$$J = J_{\mathrm{sc}} - J_0[\exp(qV/kT) - 1] \tag{7.59}$$

式中, J_0 是 pn 结的反向饱和电流, 它由耗尽区边界的少数载流子电流 J_{s1} 和在 i 层中的热激发电流 J_{s2} 两部分形成。J_{s1} 和 J_{s2} 分别由以下二式表示, 即

$$J_{s1} = A \exp\left(\frac{E_{\mathrm{gb}}}{vkT}\right) \tag{7.60}$$

$$J_{s2} = A^{\mathrm{eff}} \exp\left(-\frac{E_{\mathrm{eff}}}{vkT}\right) \tag{7.61}$$

式中

$$A = eN_{\mathrm{c}}N_{\mathrm{v}}\left(\frac{D_{\mathrm{p}}}{N_{\mathrm{A}}L_{\mathrm{p}}} + \frac{D_{\mathrm{n}}}{N_{\mathrm{D}}L_{\mathrm{n}}}\right) \tag{7.62}$$

$$E_{\mathrm{eff}} = [1 - n_{\mathrm{D}}V_{\mathrm{D}}]E_{\mathrm{gb}} + n_{\mathrm{D}}V_{\mathrm{D}}E_{\mathrm{gD}} \tag{7.63}$$

$$A^{\mathrm{eff}} = q4\pi n^2 kT/c^2 h^3 E_{\mathrm{eff}}^2 \tag{7.64}$$

式 (7.62)~ 式 (7.64) 中, N_{c} 和 N_{v} 分别为 GaAs 的有效状态密度, N_{D} 和 N_{A} 分别为 n 型和 p 型层的施主和受主浓度。在最大功率点太阳电池的转换效率为

$$\eta = \frac{V_{\mathrm{opt}}J_{\mathrm{opt}}}{P_0} = \frac{kT}{q}t_{\mathrm{opt}}[J_{\mathrm{sc}} - J_0(\mathrm{e}^{t_{\mathrm{opt}}} - 1)]/p_0 \tag{7.65}$$

式中, $P_0 = 116\mathrm{mW/cm^2}$ 是入射的太阳光子束流量, t_{opt} 可表示为

$$e^{t_{\mathrm{opt}}}(1 + t_{\mathrm{opt}}) - 1 = \frac{J_{\mathrm{sc}}}{J_0} \tag{7.66}$$

对于一个 InAs/GaAs p-i-n 量子点中间带太阳电池, 其结构参数为: InAs 量子点的尺寸为 10nm, 密度为 $10^{10}/\mathrm{cm^2}$, GaAs 空间势垒层厚度为 5~10nm。太阳电池光伏特性的理论计算证实, 当 i 层厚度为 3μm 时, 其短路电流 J_{sc}=45.17mA/cm², 开路电压 V_{oc}=0.746V, 太阳电池的转换效率 $\eta \approx 25\%$; 而在没有量子点层时, J_{sc}=35.1mA/cm²、V_{oc}=0.753V 和 $\eta \approx 19.5\%$。

7.6.2 围栏势垒型 p-i-n 量子点中间带太阳电池

为了进一步提高 p-i-n 量子点中间带太阳电池的转换效率, Wei 等[17] 提出了如图 7.18(a) 所示的围栏型 InAs/GaAs p-i-n 量子点中间带太阳电池。该太阳电池的结构特点是在每层 InAs 量子点的上面生长了一层围栏型 $\mathrm{Al}_x\mathrm{Ga}_{1-x}\mathrm{As}$ 势垒, 以形成一个多层三明治结构。这种组态结构具有以下三个特点: ①量子点之间的共振隧穿特性可以通过改变 $\mathrm{Al}_x\mathrm{Ga}_{1-x}\mathrm{As}$ 势垒层的组分数、层厚以及 GaAs 浸润层的厚度而调整; ②$\mathrm{Al}_x\mathrm{Ga}_{1-x}\mathrm{As}$ 围栏型势垒使 InAs 量子点真正成为一个光生载流子的产生和收集中心, 而不是载流子的复合区域; ③由热产生的少数载流子导致的反向饱和电流可以有效地减小。理论分析指出, 在 AM1.5 太阳光照度下, 对于具有 10~20 层 InAs 量子点的太阳电池, 其转换效率可达 45%。下面, 简要讨论其光伏特性。

1. 光生电流

由 InAs 量子点产生的光电流密度为

$$j_{\mathrm{D}}(z) = \int_{E_1}^{E_2} \frac{qG(E,z)}{1 + \tau_{\mathrm{esc}}/\tau_{\mathrm{rec}}} \mathrm{d}E \tag{7.67}$$

式中, q 是电子电荷; $G(E, z)$ 是在 i 区的 InAs 量子点中光生载流子的产生速率; E_1 和 E_2 分别是 InAs 量子点中吸收光子低能量的下限和上限; z 是 i 层中的位置 $j_{\mathrm{D}}(z)$ 为在位置 z 产生的光电流。于是, 在 InAs 量子点中收集到的总光电流为

$$J_{\mathrm{D}} = \int_0^{z_{\mathrm{i}}} j_{\mathrm{D}}(z)\mathrm{d}z \tag{7.68}$$

在 InAs 量子点和 GaAs 浸润层中, 由于电子和空穴的热发射而产生的反向漏电流为

$$J_{\mathrm{DR}} = qVN_{\mathrm{dot}}\left[N_{\mathrm{cm}}\sigma_{\mathrm{e}}\exp\left(\frac{E_{\mathrm{e}} - \Delta E_{c2} - E_{\mathrm{c}}}{kT}\right) + N_{\mathrm{vm}}\sigma_{\mathrm{h}}\exp\left(-\frac{E_{\mathrm{h}} + \Delta E_{v2} - E_{\mathrm{v}}}{kT}\right)\right] \tag{7.69}$$

式中，$N_{\rm dot}$ 为 InAs 量子点的面密度；$N_{\rm cm}$ 和 $N_{\rm vm}$ 分别为 GaAs 中的有效电子态密度和空穴态密度；$E_{\rm e}$ 和 $E_{\rm h}$ 分别为 InAs 量子点中电子和空穴的能量本征值；υ 是电子的热速度；$\sigma_{\rm e}$ 和 $\sigma_{\rm h}$ 分别为电子和空穴的俘获截面；$\Delta E_{\rm c2}$ 和 $\Delta E_{\rm v2}$ 分别为 $Al_xGa_{1-x}As$ 和 GaAs 的导带和价带的带边失调值。

在 $Al_xGa_{1-x}As$ 和 GaAs 中引入的产生和复合电流为

$$J = J_0 \exp\left(-\frac{\Delta E}{kT}\right)(1 + r_{\rm R}\beta)\left[\exp\left(\frac{qV}{kT}\right) - 1\right]$$
$$+ \left[J_{\rm NR} + J_{\rm S}(N) + (J_{\rm DR})\right]\left[\exp\left(\frac{qV}{2kT}\right) - 1\right] - J_{\rm sc} \tag{7.70}$$

式中，J_0 为反向饱和电流；$r_{\rm R}$ 为由于围栏引入导致的 i 层中增加的净复合；β 是 i 区中从平衡到产生反向漂移电流的比例；$J_{\rm NR}$ 是 GaAs 中的非辐射复合电流；$J_{\rm S}$ 是界面复合电流。

2. 转换效率

图 7.18 给出了量子点中间带太阳电池的转换效率随中间带能量的变化关系。图 7.18 中，曲线 (a) 是由理论计算得到的最高转换效率，其最高值超过了 60%；曲线 (b) 是当中间带能量为 0.6～0.7eV 时，GaAs 基中间带太阳电池的转换效率，其最大值为 52%；对于具有围栏势垒的 InAs/GaAs 量子点中间带太阳电池，当 InAs 量子点层数为 $N = 10$、中间带能量为 0.6eV、$Al_xGa_{1-x}As$ 中的组分数为 $x=0.2$ 时，其最高转换效率可达 55%，如曲线 (c) 所示。由图 7.18 中的曲线 (b) 还可以看出，对于同一中间带能量，随着组分数 x 的减少，其转换效率逐渐减小；而对于同一组分数 x，随着中间带能量的增加，其转换效率也呈线性减小趋势，尤其是当 $x=0$、中间带能量为 1.2eV 时，其转换效率低于 20%。

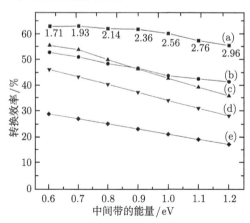

图 7.18　InAs/GaAs p-i-n 量子点中间带太阳电池的理论转换效率

上述的转换效率仅是由理论计算给出结果。Sablon 等[18] 则首次实验研究了以 AlGaAs 层作为围栏势垒的 InAs/GaAs 量子点中间带太阳电池的光伏特性。图 7.19(a) 是该量子点中间带太阳电池的剖面结构，其 $Al_{0.2}Ga_{0.8}As$ 围栏势垒的厚度为 1.3nm，InAs 量子点层数为 20 层。图 7.19(b) 给出了该量子点太阳电池的光谱响应特性。由图可以看出，AlGaAs 围栏势垒的设置不仅可以有效增强光生载流子的输运，有效抑制 InAs 量子点中的光激发载流子的抽取，而且还使其太阳电池的吸收波长从 GaAs 基质材料的 900nm 扩展到了 1100nm。其太阳电池的光伏参数为 J_{sc}=14.97mA/cm^2，V_{oc}=0.77V，FF=0.77 和 η=8.9%。

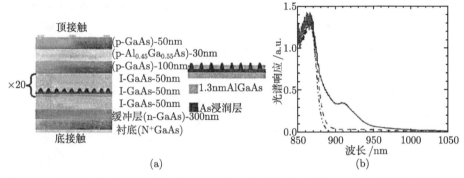

图 7.19　围栏势垒型 p-i-n 量子点中间带太阳电池的剖面结构 (a) 和光谱响应特性 (b)

7.6.3　提高电池转换效率的技术对策

1. 补偿量子点的积累应变

晶格失配应变是量子点自组织生长的驱动力，材料通过应变弛豫形成量子点。但是，系统依然存在剩余的应变积累，它会导致位错、缺陷以及岛合并等现象的出现。位错和缺陷的产生将在材料的禁带中引入陷阱能级，它们起着一个非辐射复合中心的作用，这将使光生载流子的俘获和复合几率增加，从而使光生电流减小。此外，随着量子点层数的增加，量子点直径会有明显增加，而均匀性将有所降低，这同样会使光生载流子的量子产额进一步减少。为了弥补这一不足，在工艺上通常是采用应变补偿技术，目前所采用的补偿材料主要有 GaP 和 GaNAs 两种。前者的晶格常数 (0.55Å) 与 GaAs(0.56Å) 和 InAs(0.61Å) 的晶格常数相接近，因此可以有效补偿在 InAs 量子点层与 GaAs 基质层之间的积累应变；而 GaNAs 的引入主要是通过改变 N 的组分数，使界面积累的应力得到适当调整或释放。

Laghumavarapu 等[19] 在每层 InAs 量子点和 GaAs 基质层中引入 GaP 应变补偿层，使太阳电池的光伏特性得以明显改善。当引入 4 层 GaP 时，其光伏参数为 J_{sc}=9.8mA/cm^2、V_{oc}=0.72V、填充因子 FF=0.735；而不引入 GaP 补偿层时，其光伏参数为 J_{sc}=8.3mA/cm^2、V_{oc}=0.42V、FF=0.625，这是由于 GaP 应变补偿

层的引入，使太阳电池的吸收波长进一步扩展的缘故。图 7.20(a) 给出了具有 GaP 应变补偿层太阳电池的外量子效率。由图可以看出，当没有 GaP 应变补偿层时，太阳电池的吸收波长为 870nm；而当引入 GaP 应变补偿层时，其吸收波长扩展到了 1100nm。Alonso-Alvarez 等[20] 也将 GaP 单分子层引入一个具有 50 个周期的 InAs/GaAs 多层量子点太阳电池中，由于量子点尺寸均匀性的增加和光生载流子复合的减少，使其中间带的光吸收得到有效改变，太阳电池的光谱响应从 870nm 扩展到了 1.2μm，如图 7.20(b) 所示。更进一步，Hubbard 等[21] 将 GaP 应变补偿层引入到 InAs/GaAsp-i-n 量子点太阳电池中，由于短路电流的增加和暗电流的减少，使其光伏性能得以大幅度改善。当没有 GaP 应变补偿层时，太阳电池的光伏参数为 V_{oc}=0.51V、J_{sc}=18.7A/cm^2，FF=0.538 和 η=3.7%；而当引入 5 层 GaP 应变量子点后，其太阳电池的光伏参数为 V_{oc}=0.83V、J_{sc}=23.9A/cm^2、FF=0.77 和 η=10.8%。图 7.20(c) 给出了该太阳电池的光谱响应特性。

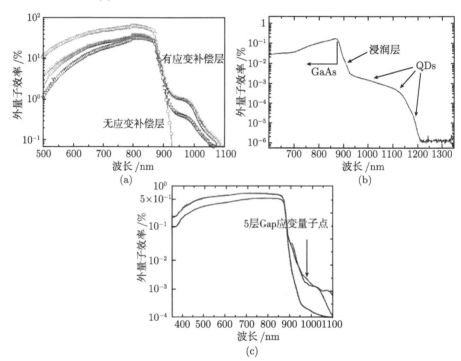

图 7.20　具有不同 GaP 应变补偿层的 InAs/GaAs 量子点太阳电池的光谱响应特性

　　冯昊等[22] 理论研究了 GaNAs 应变补偿层对 InAs/GaNAs 多层量子点生长的影响，指出当补偿位置一定时积累应变随着补偿层中 N 组分数的增加而减小，而量子点内部积累应变的减少，会影响量子点的电子能级结构和吸收光谱，使得吸收波长向长波方向移动。日本东京大学的 Okada 等比较系统地研究了 GaNAs 应变补偿层对 GaAs p-i-n 量子点中间带太阳电池光伏特性的影响[23-25]。该小组首先实验研究了具有 20 层 InAs/GaNAs 量子点太阳电池的光生电流特性，发现由于 GaNAs 应变补偿层的设置，进一步改善了量子点的均匀性，减少了缺陷和位错。当量子点密度为 $10^{12}\mathrm{cm}^{-2}$ 时，其短路电流密度达到了 $21.1\mathrm{mA/cm^2}$，此值是 InAs/GaAs 量子点太阳电池的 4 倍。其后，他们又进一步研究了 GaNAs 空间层厚度和 N 组分数对短路电流的影响。结果指出，当 GaNAs 层厚度和 N 组分数分别为 40nm 和 0.5%、30nm 和 0.7%、20nm 和 1.0%、15nm 和 1.5%时，短路电流密度依次增加，其值分别为 $23.7\mathrm{mA/cm^2}$、$24.5\mathrm{mA/cm^2}$、$24.8\mathrm{mA/cm^2}$ 和 $24.9\mathrm{mA/cm^2}$，所预期的最高转换效率为 15.7%。最近，这个小组又研究了 Si 的 δ 掺杂对太阳电池光生电流的影响，在 1050nm 光谱波长下 Si 掺杂 InAs/GaNAs 量子点太阳电池的光伏参数为 $J_{\mathrm{sc}}=30.6\mathrm{mA/cm^2}$，$V_{\mathrm{oc}}=0.54\mathrm{V}$，$FF=0.66$ 和 $\eta=10.9\%$。图 7.21(a) 和 (b) 分别给出了一个具有 20 层 InAs/GaNAs 量子点太阳电池的剖面结构示意图和量子点层的 TEM 照片。

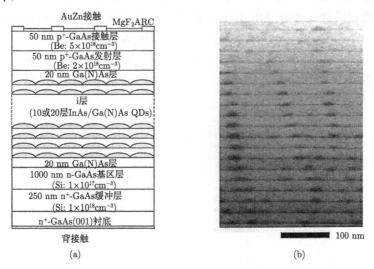

图 7.21 具有 20 层 InAs/GaNAs 量子点太阳电池的剖面结构 (a)
和量子点层的TEM 照片 (b)

2. 优化量子点的生长参数

量子点参数包括所生长量子点的层数、尺寸、密度和间距等。无序的量子点阵列不但会使光生电流减小，而且还会使复合电流进一步增加，从而不利于太阳电池光伏特性的改善；而有序的量子点阵列，可以使量子点的量子尺寸效应、表面光吸收特性以及载流子隧穿输运特性等得以显著改善，因而使太阳电池的转换效率显著增加。因此，选择适宜的量子点层数、自组织生长尺寸均匀和密度分布有序的量子点阵列, 对于提高量子点中间带太阳电池的光伏性能是至关重要的。

Marti[26] 等首先研究了量子点层数对太阳电池光伏特性的影响。实验发现, 具有 10 层 InAs 量子点的太阳电池可以获得较大的短路电流密度, 而当 InAs 量子点层增加到 20 层时, 短路电流密度将会减小, 这是由于光生载流子的寿命因存在于界面层中缺陷的增加而减小的缘故。图 7.22(a) 给出了具有不同 InAs 量子点层数太阳电池的短路电流密度。Sugaya 等[27] 研究了具有 $In_{0.2}Ga_{0.8}As$ 覆盖层的 $In_{0.4}Ga_{0.6}As/GaAs$ 量子点太阳电池的光谱响应特性, 当选择量子点层数为 10 层时, 其光吸收波长可从 900nm 扩展到 1100nm, 此时的转换效率 $\eta=12.2\%$; 而随着量子点层数的增加, 转换效率则随之减小。例如, 当量子点层分别为 30 和 50 时, 其转换效率分别为 9.9%和 7.7%。与此同时, Sugaya 等[28] 实验研究了具有 10 层 $In_{0.4}Ga_{0.6}As/GaAs$ 量子点超晶格太阳电池的光伏特性。结果指出, 当点与点之间的距离为 35nm 时, 可以获得最好的光伏性能, 其光伏参数为 $V_{oc}=0.871V$、$J_{sc}=17.8mA/cm^2$、$FF=0.813$ 和 $\eta=12.6\%$。量子点阵列的层数、密度和均匀性对太阳电池光伏特性的影响也由 Bailey 等所研究[29]。结果表明, 对于具有 GaAsP 应变补偿层的 InAs/GaAs 量子点太阳电池, 当 InAs 量子点层数为 10 层、密度为 $3.6\times10^{10}cm^{-2}$、尺寸为 4~16nm 时, 其开路电压高达 0.991V; 而对于具有 GaP 应变补偿层的 InAs/GaAs 量子点太阳电池, 在相同的条件下, 开路电压则高达 0.994V, 如图 7.22(b) 所示。

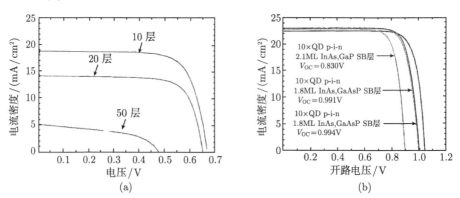

图 7.22　具有不同量子点层数太阳电池的短路电流密度 (a)
和具有10 层量子点太阳电池的开路电压 (b)

3. 选择新的量子点结构

目前, 量子点中间带太阳电池主要是以 InAs 作为量子点中间带和以 GaAs 作为基质材料而制作的。然而, 由于 GaAs 材料的禁带宽度仅有 1.42eV, 因而不能形成优化的带隙能量组合 ($E_g=1.95eV$, $E_L=0.71eV$ 和 $E_H=1.24eV$)。因此, 为了进一步提高量子点中间带太阳电池的转换效率, 寻找和选择新的量子点材料体系是一条可尝试的方案。

为了改善量子点中间带太阳电池的红外光谱响应特性，Laghumavarapu 等[30]提出了另一种Ⅲ–Ⅴ族 p-i-n 量子点太阳电池，即由 MBE 生长的 GaSb/GaAs Ⅱ型 p-i-n 量子点太阳电池。这种Ⅱ型量子点阵列为空穴载流子提供了一个约 450meV 的封闭势，由此可以改善光生载流子的电荷抽取特性。此外，由于 GaSb 量子点采用了界面失配阵列生长模式，不仅使量子点的堆积层数不受积累应变的限制，还可以有效改善其光谱响应特性。例如，具有量子点阵列的太阳电池光谱吸收范围因基态跃迁拓宽到了 1.5μm 波长，而无量子点阵列的太阳电池光谱吸收范围只有 1.1μm。Shao 等[31] 提出了 InAsN/GaAsSb 量子点中间带太阳电池，在这种量子点结构中，由于强烈的波函数重叠，允许电子在微带中进行隧穿输运，从而增加了光吸收效率。理论计算指出，当量子点直径为 4.5nm、点与点之间距离为 $H=2$nm 时，太阳电池的转换效率可高达 60.5%。图 7.23 给出了该太阳电池的转换效率与量子点尺寸的关系。

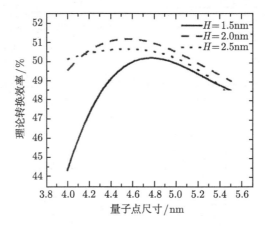

图 7.23　InAsN/GaAsSb 量子点太阳电池的理论转换效率

2009 年，Wu 等[32] 提出了一种以 GaAs 为量子环和以 Al$_{0.3}$Ga$_{0.7}$As 为势垒的中间带太阳电池。由于在这种量子点结构中，基质材料采用了带隙较宽的 Al$_{0.3}$Ga$_{0.7}$As 合金 (E_g=1.78eV)，因此有效改善了太阳电池的光谱响应特性。图 7.24(a) 和 (b) 分别给出了太阳电池的能带结构与不同温度下的光谱响应。该太阳电池具有两个光谱吸收带，第一个吸收带为 1.40~1.77eV，第二个吸收带为 1.77~2.60eV。由于光谱吸收特性的改善，其最高外量子效率达到了 39%。最近，Ojajärvi 等[33] 提出了 CuInSe$_2$ 四面体量子点中间带太阳电池，其基质材料为 CuGaS$_2$。由于 CuGaS$_2$ 的禁带宽度为 2.43eV，所以 E_L=0.94eV 和 E_H=1.49eV，该带隙组合接近优化计算的带隙能量组合。因此，当量子点半径为 4.42nm 时，其理论转换效率可高达 61.1%，此值非常接近量子点中间带太阳电池的极限效率 63.2%。更进一步，Jenks 等[34] 提出了具有两个中间带的太阳电池。由于这种太阳电池具有两个中间带，使低能量光子得到充分利用，因此大大扩展了太阳电池的能量吸收范围，其理论转换效率可高达 70%以上。图 7.25 给出了具有两个中间带太阳电池的简化能带图。表 7.1 给出了具有不同带隙能量组合的中间带太阳电池的转换效率。由表可以看出，当 $E_g=2.7\text{eV}$、$E_1=1.106\text{eV}$、$E_2=0.972\text{eV}$ 和 $E_3=0.623\text{eV}$ 时，太阳电池具有最高的理论转换效率，其值高达 72.28%。

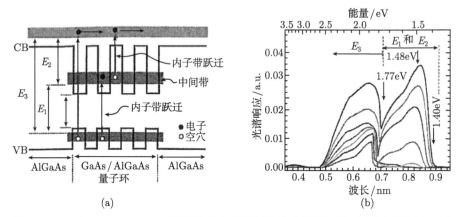

(a) (b)

图 7.24 GaAs/Al$_{0.9}$Ga$_{0.7}$As 量子环中间带太阳电池的能带结构 (a) 和光谱响应 (b)

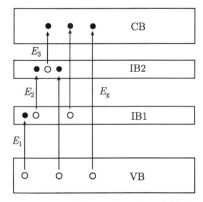

图 7.25 具有两个中间带太阳电池的简化能带图

表 7.1 不同带隙能量组合的两个中间带太阳电池的理论转换效率

E_1/eV	E_2/eV	E_3/eV	E_g/eV	效率/%
1.147	0.635	0.218	2.0	70.0
1.191	0.67	0.238	2.1	70.7
1.235	0.706	0.25	2.2	71.2
0.939	0.853	0.508	2.3	71.9
0.974	0.878	0.534	2.39	72.17
1.106	0.972	0.623	2.7	72.28

7.7 几种新型结构的中间带太阳电池

7.7.1 光子棘轮中间带太阳电池

前已指出，量子点中间带太阳电池的转换效率远高于单带隙太阳电池的 S-Q 极限效率。但研究表明，这种太阳电池尚存在以下两个方面的不足。①作为中间带的多量子层之间存在着弛豫应变，由此产生的缺陷态会使得载流子非辐射复合增加，这将缩短载流子的寿命，进而导致太阳电池开路电压的降低；②中间带太阳电池的短路电流强烈依赖于中间带的载流子占有率。为了能够有效地产生光电流，低能态必须有电子占据，而高能态则必须是空的。对于一个实际的中间带太阳电池而言，在光照条件下，载流子从中间带向导带的跃迁特性与光吸收系数直接相关，而光吸收系数的大小又线性依赖于中间带的载流子占有率，低的占有率显然会造成短路电流的减小。

由上述分析可知，量子点中间带太阳电池开路电压的降低和短路电流的减小，主要起因于中间带较短的载流子寿命和较低的载流子占有率。为了解决这一问题，最近 Yoshida 等[35] 提出了一个构思新颖的中间带太阳电池 —— 光子棘轮中间带太阳电池 (photon ratchet intermediate band solar cells)。它的主要结构特征是在原有的中间带 (IB) 之下再设置一个具有非发射 (non-emissive) 属性的 "棘轮带"(ratchet band-RB)。RB 与 IB 之间的能量差为 ΔE，其取值范围在 0~400meV。图 7.26(a) 给出了光子棘轮中间带太阳电池的能带模型。理论分析指出，如果载流子能在 IB 和 RB 之间发生快速的热跃迁，那么该能量差 ΔE 可以使载流子从 IB 弛豫到 RB 中去，其结果是 RB 的载流子寿命可以进一步增加，由此增强了 IB-RB 的产生速率；另外，RB 的设置减少了 IB 的载流子总数，由此降低了 IB-VB 的载流子复合速率，这将导致太阳电池光生电流的增加，最终使中间带太阳电池的转换效率有效增加。

图 7.26(b) 是由理论计算得到的光子棘轮中间带太阳电池的转换效率与能量差

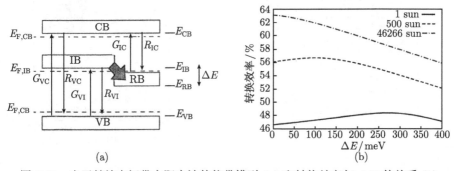

图 7.26 光子棘轮中间带太阳电池的能带模型 (a) 和转换效率与 ΔE 的关系 (b)

ΔE 的依赖关系。由图可以看出，在 1sun 的光照条件下，对于一个常规的中间带太阳电池 ($\Delta E=0$) 来说，其转换效率为 46.8%；而对于一个光子棘轮中间带太阳电池 ($\Delta E=270\text{meV}$) 而言，其最高转换效率可达 48.5%，当光照强度为 500sun 时，其最高转换效率可达 56% 以上。

7.7.2　InGaAs 量子线中间带太阳电池

通常的量子点中间带太阳电池是一个 p-i-n 结构，其中的 i 层是由多层量子点阵列所充当。目前的量子点中间带太阳电池多为 InAs/GaAs 材料体系，即由禁带宽度较窄的 InAs 量子点阵列作为中间带，在 p-GaAs 和 n-GaAs 之间形成的。由于 InAs 量子点阵列的禁带宽度较窄，它可以充分吸收低能光子的能量，从而使太阳电池的光电流增加。然而遗憾的是，这种太阳电池的开路电压相对较低，将制约转换效率的进一步提高。

最近，Kunets 等[36] 首次采用一维的 InGaAs 量子线 (QWRs) 作为中间带，在 GaAs(311)A 面上制作了 p-i-n 结构中间带太阳电池。研究指出，这种量子线中间带太阳电池具有以下几个物理特点：①高指数的 GaAs(311)A 面有利于量子线阵列的生长；②一维量子线比零维量子点具有更大的态密度，因此具有更大的光吸收系数；③量子线的直线电子输运性质，可以使其产生更大的光生电流。

图 7.27(a) 是一个 InGaAs 量子线中间带太阳电池的剖面结构。其主要制作程序是：首先在 GaAs(311)A 面上采用 MBE 生长一个 500nm 厚的 GaAs 缓冲层，接着生长一层 1μm 厚的 n-GaAs 层，其后再生长一层 30nm 的 GaAs 层，而后生长作为中间带的具有 10 个周期的 $\text{In}_{0.4}\text{Ga}_{0.6}\text{As}$ 量子线结构；然后，在生长完两个具有 δ 掺杂的厚 15nm 的 GaAs 层之后，再生长 1μm 厚的 p-GaAs 层。图 7.27(b) 是该太阳电池的 J-V 特性曲线。由图可以看出，对于一个常规的 pn 结光伏器件，在 AM1.5 光照下的转换效率 $\eta=4.1\%$，其光伏参数为 $J_{sc}=12.7\text{mA/cm}^2$ 和 $V_{oc}=0.64\text{V}$；而对

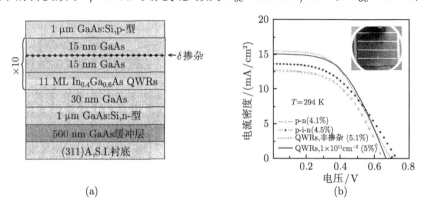

(a)　　　　　　　　　　　　　　　(b)

图 7.27　InGaAs 量子线中间带太阳电池的剖面结构 (a) 和 J-V 特性 (b)

于一个典型的 p-i-n 结构光伏器件,其转换效率为 $\eta=4.5\%$,$J_{sc}=13.6\text{mA/m}^2$ 和 $V_{oc}=0.72\text{V}$。与此不同,对于一个非掺杂的 InGaAs 量子线中间带太阳电池,在同样光照条件下的 $\eta=5.1\%$、$J_{sc}=14.6\text{mA/cm}^2$,而开路电压 V_{oc} 几乎不发生改变。对于掺有 $1\times10^{11}\text{cm}^{-2}$ 杂质的 InGaAs 量子线性的中间带太阳电池,其 η 值为 5.0%。该结果充分显示出,InGaAs 量子线中间带太阳电池具有优于常规中间带太阳电池的光伏特性。

7.7.3 双层抗反射中间带太阳电池

通过设置光子棘轮带增加载流子寿命和利用多层量子线增加光吸收,可以提高中间带太阳电池的转换效率。除此之外,如果能增加光伏器件的抗反射特性,也可以达到改善中间带太阳电池光伏特性的目的。Tanabe 等[37] 采用 MOCVD 工艺制作了具有 MgF_2/ZnS 双层抗反射的 InAs/GaAs 量子点中间带太阳电池,获得了预期的光伏特性。因为抗反射能力的增加,也可以达到增强光吸收的效果,这样不仅可以使光生电流得以增加,同时还可以使开路电压进一步提高。

这种太阳电池的主要结构特点是在器件的正面优化生成了一个 MgF_2/ZnS 抗反射层。图 7.28(a) 给出了在不同 MgF_2/ZnS 厚度组合下,太阳电池的光反射率与入射光波长的依赖关系。由图可以看出,当没有 MgF_2/ZnS 抗反射层时,太阳电池具有相对较高的光反射率;当 MgF_2/ZnS 的厚度组合分别为 100nm/0nm 和 0nm/50nm 时,太阳电池的光反射率显著降低;而当 MgF_2/ZnS 的厚度组合为 100nm/50nm 时,太阳电池显示出极低的反射率。尤其是在 400~800nm 的波长范围内,其反射率几乎接近于零。这意味着太阳电池可以全部吸收入射光子的能量。图 7.28(b) 给出了该光伏器件在 AM1.5 光照条件下的 J-V 特性。由图可以看出,其光伏参数为 $J_{sc}=26.0\text{mA/m}^2$、$V_{oc}=0.90\text{V}$、$FF=0.80$ 和 $\eta=18.7\%$;而在两个太阳光照射下,该太阳电池的光伏参数为 $J_{sc}=54.2\text{mA/m}^2$、$V_{oc}=0.93\text{V}$、$FF=0.77$ 和 $\eta=19.4\%$。

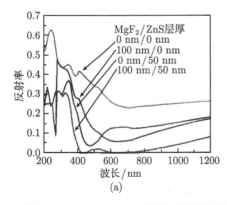
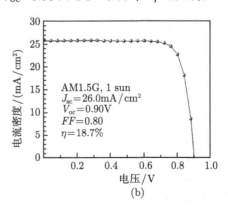

图 7.28 MgF_2/ZnS 双层抗反射中间带太阳电池的光反射率 (a) 与 J-V 特性 (b)

参 考 文 献

[1] 彭英才, 王峰, 江子荣, 等. 微纳电子技术, 2012, 49:353

[2] Tablero C. Sol. Energy Mater Sol. Cells, 2006, 90:588

[3] Yu K M, Walukiewicz W. Phys. Rev. Lett., 2003, 91:246403

[4] Cudra L, Marti A, Luque A. Physica E, 2002, 14:162

[5] Shang X J, He J F, Li M F, et al. Appl. Phys. Leet., 2011, 99:113514

[6] 冈田至崇, 八木修平, 大岛隆治. 应用物理, 2010, 79:206

[7] Luque A, Marti A. Phys. Rev. Lett., 1997, 78:5014

[8] Marti A, Tablero C, Antolin E, et al. Sol. Energy Mater. Sol. Cells, 2009, 93:641

[9] Strandberg R, Reenaas T W. J. Appl. Phys., 2009, 105:124512

[10] Wang W, Lin A S, Phillips J D. Appl. Phys. Lett., 2009, 95:011103

[11] Wang W, Lin A S, Phillips J D. Appl. Phys. Lett., 2009, 95:161107

[12] Lin A S, Wang W, Phillips J D. J. Appl. Phys., 2009, 105:064512

[13] Marti A, Antolin E, Stanley C R, et al. Phys. Rev. Lett., 2006, 97:247701

[14] Wei G, Shiu K T, Giebink N C, et al. Appl. Phys. Lett., 2007, 91:223507

[15] Luque A, Marti A, Lopez N, et al. J. Appl. Phys., 2006, 99:094503

[16] Aroutiounian V, Petrosyan S, Khachatryan, et al. J. Appl. Phys., 2001, 89:2268

[17] Wei G, Forrest S R. Nano. Lett., 2007, 7:218

[18] Sablon K A, Little J W, Olver K A, et al. J. Appl. Phys., 2010, 108:074305

[19] Laghumavarapu R B, El-Emawy M, Nuntawong N, et al. Appl. Phys, Lett., 2007, 91:243115

[20] Alonso-Alvarez D, Taboada A G, Ripalda J M, et al. Appl. Phys. Lett., 2008, 93:123114

[21] Hubbard S M, Cress C D, Bailey C G, et al. Appl. Phys. Lett., 2008, 92:123512

[22] 冯昊, 俞重远, 刘玉敏, 等. 物理学报, 2010, 59:766

[23] Oshima R, Takata A, Okada Y. Appl. Phys. Lett., 2008, 93:083111

[24] Okada Y, Oshima R, Takata A. J. Appl. Phys., 2009, 106:024306

[25] Okada Y, Morioka T, Yoshida K, et al. J. Appl. Phys., 2011, 109:024301

[26] Marti A, Lopez N, Antolin E, et al. Appl. Phys. Lett., 2007, 90:233510

[27] Sugaya T, Furue S, Komaki H, et al. Appl. Phys. Lett., 2010, 97:183104

[28] Sugaya T, Numakami O, Furue S, et al. Sol. Energy Mater. Sol. Cells, 2011, 95:2920

[29] Bailey C G, Forbes D V, Paffaelle R P, et al. Appl. Phys. Lett., 2011, 98:163105

[30] Laghumavarapu R B, Moscho A, Khoshakhlagh A, et al. Appl. Phys. Lett., 2007, 90:173125

[31] Shao Q, Balandin A A, Fedoseyve A I, et al. Appl. Phys. Lett., 2007, 91:163503

[32] Wu J, Shao D, Li Z, et al. Appl. Phys, Lett., 2009, 95:071908

[33] Ojajärvi J, Räsänen E, Sadewasser S, et al. Appl. Phys. Lett., 2011, 99:11907

[34] Jenks S, Gilmore R J. Renewable Sustainable Energy, 2010, 2:013111
[35] Yoshida M, Ekins-Daukes N J, Farrell D J, et al. Appl. Phys. Lett., 2012, 100:263902
[36] Kunets V P, Furrow C S, Morgan T A, et al. Appl. Phys. Lett., 2012, 101:041106
[37] Tanabe K, Guimard D, Bordel D, et al. Appl. Phys. Lett., 2012, 100:193905

第 8 章　量子点激子太阳电池

量子点激子太阳电池是一种利用量子点中的多激子产生效应设计和制作的太阳电池。如果说量子点中间带太阳电池是一种充分利用红外波长光子的能量上转换光伏器件,那么量子点激子太阳电池则是一种合理利用可见波长光或蓝紫光的能量下转换光伏器件。其基本原理是,将由高能量光子激发到导带的电子在经热化弛豫回落到导带底之前,使其通过碰撞电离产生多激子,从而对太阳电池的光生电流和光生电压产生贡献。大家知道,激子是固体中的一种元激发,是一对被束缚在一起的电子和空穴。而这里所说的多激子产生的概念稍有不同,它是指在光照条件下,利用载流子的电离倍增效应所产生的自由光生电子和空穴。

本章首先介绍构建量子点激子太阳电池的物理思考和量子点中多激子产生的物理过程,然后重点讨论量子点激子太阳电池的理论转换效率和发生在各种量子点中的多激子产生效应,最后简要介绍量子点激子太阳电池的一些实验研究进展。

8.1　构建量子点激子太阳电池的物理思考

半导体 pn 结的光生伏特效应指出,当一个能量为 $h\nu > E_g$ 的光子入射到 pn 结中时,将有一个光生电子从价带跃迁到导带,从而产生一个电子-空穴对,而剩余的能量将以热的形式被耗散掉。在通常的各种光伏器件中,一个入射光子只能激发产生一个电子-空穴对,即量子产额总是小于 1,这就使太阳光谱中高能端一侧的光子能量不能得到充分利用。这正是太阳电池转换效率难以大幅度提高的一个重要原因。如果能够设法利用某种物理方法或技术途径有效减少因光生载流子的热弛豫而造成的能量损失,无疑可以大大改善太阳电池的光伏性能。于是,人们尝试性地提出了两种方案:一种是增加光生电压,另一种是增加光生电流。对于前者而言,要求光生载流子在变冷之前应能及时从太阳电池中被取出,从而使光生电压得以提高,这是第 9 章将要讨论的热载流子太阳电池。就后者来说,则要求热载流子通过再一次的碰撞电离激发,以产生两个或更多的电子-空穴对,这就是所谓的多激子产生 (MEG) 过程,该过程为热载流子俄歇复合的逆过程。

2002 年,Green 和 Nozik 小组的研究同时指出:某些半导体量子点在被蓝光或高能紫外光激发时,能够同时释放出两个以上的电子[1,2]。两年之后的 2004 年,Klimov 等[3] 首次采用 PbSe 量子点实验证实了上述物理构想的正确性。这使人们进一步认识到,利用半导体量子点所呈现的量子限制效应和能级分立特性,在一定光照条件下可以引发多激子产生。基于这种新的物理效应设计太阳电池，可以使其能量转换效率得到超乎寻常的提高，其理论预测值可高达 66%。

8.2 量子点中多激子产生的物理过程

8.2.1 碰撞电离倍增过程

热载流子的碰撞电离是多激子产生的主要物理过程，它是指光激发的高能量粒子碰撞晶格原子，并使其电离而产生第二个电子–空穴对，借以增加光生载流子密度，从而使光生电流得以增加。大家知道，俄歇复合是指电子–空穴对在复合过程中将释放的能量交给第二个电子，并使其被激发到更高的能量状态中去。俄歇复合的逆过程是指处于高能态的一个电子在激发产生第二个电子–空穴对后，使高能电子释放出能量后再回落到较低的能量状态，如图 8.1 所示。在光照条件下，当半导体中的价电子吸收一个光子后产生第一个电子–空穴对 (e_1^- 和 h_1^+)，处于较高能量状态的能量为 E_{e1} 和动量为 K_{e1} 的电子与晶格碰撞电离产生第二个电子与空穴对 (e_2^- 和 h_2^+)，其电子的能量和动量分别为 E_{e2} 和 K_{e2}，空穴的能量和动量分别为 E_{h2} 和 K_{h2}。此后，第一个电子的能量和动量分别降为 E'_{e1} 和 K'_{e1}。这个过程要求能量与动量守恒，即有[4]

$$E_{e1} = E_{e2} + E_{h2} + E'_{e1} \tag{8.1}$$

$$K_{e1} = K_{e2} + K_{h2} + K'_{e1} \tag{8.2}$$

如果碰撞电离过程满足上述要求，就有可能使量子效率大于 1。

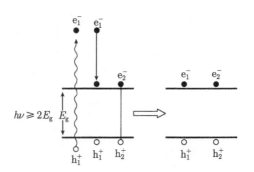

图 8.1 载流子的碰撞电离过程示意图

8.2.2 能量相互作用过程

我们还可以从能量相互作用的角度出发，具体描述发生在量子点中的多激子产生过程。半导体量子点和纳米晶粒是一种具有强三维量子限制效应的低维体系，

它的类 δ 函数状态密度和量子化能级的出现，可以使电子通过电子-声子相互作用的弛豫速率有效减小。同时，在量子点中电子-空穴之间库仑相互作用的增强，可以使多激子产生的逆俄歇过程大大增加。更进一步，对量子点而言，晶体动量不再是一个好量子数，因此在逆俄歇过程中不需再保持动量守恒定则。当量子点吸收一个能量大于 $2E_g$ 的光子时，所产生的高能量激子通过能量转移而弛豫到带边，并导致一个被吸收的光子激发产生两个或两个以上的激子，这样就会使太阳光谱中的高光子能量变成光电转换所需要的能量，而不会导致能量损耗，这是量子点中多激子产生的本质体现[5]。

图 8.2 给出了在光照条件下发生在量子点中电子-空穴对的产生、电子-声子相互作用和多激子产生的能量过程。①声子瓶颈过程，这是由于量子化能级之间的能量间隔 ΔE 大于声子能量 E_{ph}，由此使电子-声子相互作用的能量弛豫过程得到抑制的缘故，如图 8.2(a) 所示；②由电子-声子相互作用导致的能量弛豫过程，如图 8.2(b) 所示；③由载流子的碰撞电离而导致的多激子产生过程，为了能使这一过程发生，其前提条件是必须有效抑制与多激子产生过程相竞争的能量弛豫过程，如图 8.2(c) 所示；④此外，还存在着俄歇复合过程，它是支配载流子衰减的动力学过程，如图 8.2(d) 所示。在目前的多激子产生测量实验中，通常是利用时间分辨光谱测定这一俄歇复合过程，并由此推测多激子产生效应的[6]。

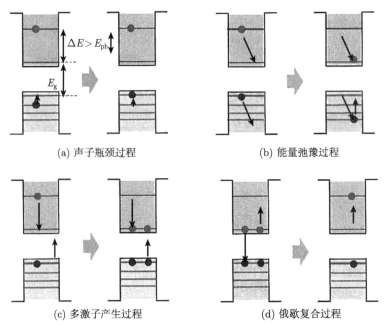

(a) 声子瓶颈过程   (b) 能量弛豫过程

(c) 多激子产生过程   (d) 俄歇复合过程

图 8.2 量子点中光激发载流子的动力学过程

8.3 量子点激子太阳电池的理论转换效率

8.3.1 量子产额

单带隙和双带隙串联太阳电池的能量转换效率可以利用细致平衡模型进行理论计算。对于一个单带隙光伏器件，其电流和电压与禁带宽度的依赖关系可以写成[7]

$$J(V, E_{\mathrm{g}}) = J_{\mathrm{G}}(E_{\mathrm{g}}) - J_{\mathrm{R}}(V, E_{\mathrm{g}}) \tag{8.3}$$

式中，J_{G} 和 J_{R} 分别为光产生电流和复合电流；E_{g} 为材料的禁带宽度；V 是由太阳电池产生的光电压。它们可分别由下式表示，即

$$J_{\mathrm{G}}(E_{\mathrm{g}}) = q \int_{E_{\mathrm{g}}}^{E_{\max}} QY(h\nu)\Gamma(h\nu)\mathrm{d}E \tag{8.4}$$

$$J_{\mathrm{R}}(V, E_{\mathrm{g}}) = qg \int_{E_{\mathrm{g}}}^{\infty} \frac{QY(h\nu)E^2}{\exp\{[h\nu - qQY(h\nu)V]/kT\} - 1} \mathrm{d}E \tag{8.5}$$

式中，$h\nu$ 为光子能量；q 为电子电荷；k 为玻尔兹曼常量；T 为器件温度，$QY(h\nu)$ 为量子产额。$g = 2\pi/(c^2 h^3)$，其中 c 为真空中的光速，h 为普朗克常量。下面，进一步讨论多激子产生量子点 (MEG-QD) 的量子产额。

对于一个 MEG-QD 而言，量子产额可由下式给出，即

$$QY(h\nu) = \sum_{m=1}^{M} \theta(h\nu, mE_{\mathrm{g}}) \tag{8.6}$$

式中，$\theta(h\nu, mE_{\mathrm{g}})$ 为单阶跃函数。当 $M=1$ 时，表示由一个光子仅能够产生一个电子–空穴对；当 $M = M_{\max} = E_{\max}/E_{\mathrm{g}}$ 时，则给出了最大的倍增效应和 MEG-QD 太阳电池的最高转换效率。

当太阳光照射能量 $h\nu$ 超过多激子产生的阈值能量 E_{th} 之后，由载流子倍增效应所导致的量子产额呈线性增加趋势，因而有

$$QY(h\nu) = \theta(h\nu, E_{\mathrm{g}}) + A\theta(h\nu, E_{th}) \left(\frac{h\nu - E_{\mathrm{th}}}{E_{\mathrm{g}}} \right) \tag{8.7}$$

由式 (8.7) 可知，在 E_{g} 和 E_{th} 之间的 $QY(h\nu)$ 为 1。当光子能量大于 E_{th} 后，$QY(h\nu)$ 的值随斜率 A 的增大而呈线性增加。例如，对于 PbSe-QD 而言，当光子能量 $h\nu=7.8E_{\mathrm{g}}$ 时，其量子产额 $QY(h\nu)=7$。图 8.3(a) 给出了 $M=1$、$M=2$ 和 $M = M_{\max}$ 时，由计算得到的 MEG-QD 太阳电池的量子产额。太阳电池的转换效率可由下式计算，即

$$\eta(V) = J(V)V/p_{\mathrm{in}} \tag{8.8}$$

式中, p_{in} 为入射光功率。图 8.3(b) 是对于 CdSe 和 PbSe MEG-QD 太阳电池, 由计算得到的量子效率与 $h\nu/E_g$ 的依赖关系。

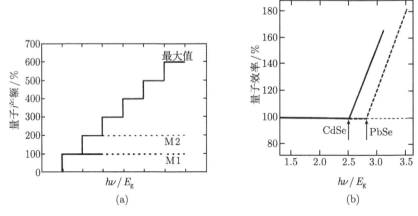

(a)   (b)

图 8.3   MEG-QD 太阳电池的量子产额 (a) 和 CdSe 与 PbSe 量子点太阳电池的量子效率 (b)

8.3.2   转换效率

1. 单带隙太阳电池

图 8.4 的 M1 曲线给出了 300K 和 AM1.5 光照下单带隙太阳电池在无载流子倍增效应时, 转换效率与禁带宽度的关系, 其最高效率对应于 E_g=1.3eV 的 Shockley-Queisser 极限效率 (33.7%); 而当有载流子倍增效应时, 太阳电池的转换效率迅速增加[8]。例如, 当 M=2 时, 其转换效率为 41.9%, 如图 8.4 中的曲线 M2 所示; 而当 M_{max}=6 时, 其转换效率高达 44.4%, 相应的禁带宽度 E_g=0.75eV。曲线 L2 是 E_{th}=2E_g 和 A=1 时的转换效率, 当 E_g=0.94eV 时, 其最高效率可达 37.2%。曲线 L3 是 E_{th}=3E_g 和 A=1 时的转换效率, 当 E_g=1.34eV 时, 其最高效率可达 33.7%。

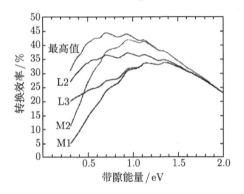

图 8.4   单带隙太阳电池的转换效率

2. 双带隙串联太阳电池

不言而喻，由不同禁带宽度的材料分别作为顶电池和底电池组合在一起的串联太阳电池，比单带隙太阳电池具有更高的转换效率。图 8.5 和表 8.1 给出了这种太阳电池的转换效率与底电池禁带宽度的关系。图 8.5(a) 是 M2 作为顶电池时的转换效率，其效率高值可达 47.6%；图 8.5(b) 是 M1 作为顶电池时的转换效率，其转换效率高达 45.7%。

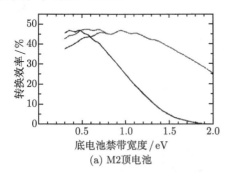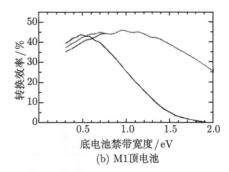

(a) M2顶电池　　　　　　　　　　　(b) M1顶电池

图 8.5　双带隙太阳电池的转换效率

表 8.1　双带隙串联太阳电池的转换效率

顶/底吸收层	顶电池禁带宽度/eV	底电池禁带宽度/eV	最高效率/%
M1/M1	1.63	0.95	45.7
M1/M2	1.61	0.95	45.7
M2/M1	1.63	0.95	47.1
M2/M2	1.46	0.68	47.6

从图 8.5 中还可以看出，随着底电池禁带宽度的增加，其转换效率急速降低。由此说明，为了实现由多激子产生量子点太阳电池，材料的禁带宽度不易过大。也就是说，采用禁带宽度较小的 PbS、PbSe、PbTe 等材料，可以获得相对较高的转换效率。

8.3.3　电子和空穴有效质量对转换效率的影响

多激子产生是量子点激子太阳电池获得高转换效率的物理起因。引发多激子产生的能量阈值不仅与量子点的禁带宽度紧密相关，而且受电子和空穴有效质量的影响。图 8.6 是发生在量子点中的载流子激发过程。其中，E_e 为电子相对于量子点导带第一量子化能级的距离，E_g 为量子点的禁带宽度。如果 $E_e > E_g$，则可以发生载流子的倍增效应。E_e 可由下式给出，即

$$E_e = \frac{(h\nu - E_g)m_h^*}{m_e^* + m_h^*} \tag{8.9}$$

式中, m_e^* 和 m_h^* 分别为电子和空穴的有效质量。假定利用 E_e 产生第一个附加电子的阈值能量为 $h\nu_{th-e}(1)$, 并令 $E_e = E_g$, 则有[9]

$$h\nu_{th-e}(1) = \left(2 + \frac{m_e^*}{m_h^*}\right) E_g \tag{8.10}$$

类似地, 如果设 E_h 为空穴相对于量子点价带中第一量子化能级的距离, 则有

$$E_h = \frac{(h\nu - E_g)m_e^*}{m_e^* + m_h^*} \tag{8.11}$$

假定利用 E_h 产生第一个附加空穴的阈值能量为 $h\nu_{th-h}(1)$, 并令 $E_h = E_g$, 则有

$$h\nu_{th-h}(1) = \left(2 + \frac{m_h^*}{m_e^*}\right) E_g \tag{8.12}$$

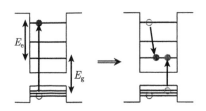

图 8.6   量子点中的多激子产生过程

表 8.2 汇总了四种量子点材料的电子与空穴有效质量之比和由实验观测得到的多激子产生的能量阈值。从表中可以看出, 在 InAs、CdSe、Si 和 PbSe 四种量子点材料中, InAs 的 $m_e^*/m_h^* = 0.04$ 具有最小的值, 因而产生多激子的能量阈值也最低。

表 8.2   不同量子点中多激子产生的能量阈值

	m_e^*/m_h^*	$h\nu_{th-e}(1)E_g$	$h\nu_{th}(1)/E_g$(实验)
InAs	0.04	2.04	2.0
CdSe	0.20	2.20	2.5
Si	0.48	2.48	2.4
PbSe	m_h^*/m_e^*=0.87	$h\nu_{th-h}(1)$=2.87	2.9

图 8.7(a) 和 (b) 分别给出了 m_e^*/m_h^* 的比值对多激子产生的量子产额和太阳电池转换效率的影响。由图 8.7(a) 可以看出, 当 $m_e^*/m_h^* = 0$ 时, 由载流子倍增产生一个附加电子的阈值能量为 $h\nu/E_g = 2$, 当 $h\nu/E_g = 3$ 时, 其量子产额为 300%; 当 $m_e^*/m_h^* = 0.2$ 时, 产生第一个附加电子的阈值能量为 $h\nu/E_g = 2.2$, 产生第二个附加电子的阈值能量为 $h\nu/E_g = 3.4$; 当 $m_e^*/m_h^* = 1$ 时, 即当电子和空穴具有大体相等的有效质量, 且 $h\nu/E_g = 3$ 时, 量子产额从 100% 增加到 300%, 此时电

子和空穴对多激子产生具有同等的贡献。对于没有多激子产生的量子点,其量子产额则小于 100%。由图 8.7(b) 可以看出,太阳电池在 E_g <1.5eV 的能量范围,转换效率有了明显的改善,其峰值转换效率发生在 E_g=0.7~1.0eV 范围内,对于没有多激子产生效应的量子点而言,最佳禁带宽度为 1.4eV。也就是说,当 E_g=1.4eV 时,可以获得高于 30% 的理论转换效率。随着 m_e^*/m_h^* 的减小,转换效率依次增加,当 m_e^*/m_h^*=1、0.2 和 0 时,其转换效率大约分别为 32%、40%和 45%。

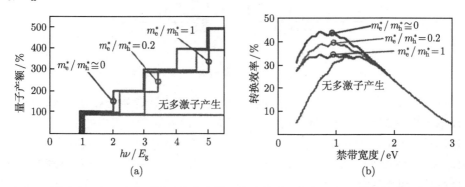

图 8.7 不同 m_e^*/m_h^* 比值对量子点中多激子产生的量子产额 (a) 和转换效率 (b) 的影响

8.4 PbSe 量子点中的多激子产生

8.4.1 PbSe 量子点的电子结构

PbSe 是一种典型的 IV–VI 族半导体材料,其禁带宽度为 0.29eV,属于直接带隙结构。PbSe 量子点是设计和制作量子点激子太阳电池的首选材料,其中的多激子产生效应已被人们广为研究。PbSe 量子点的多激子产生能力与其独特的电子状态直接相关。An 等[10] 对 PbSe 量子点电子结构的理论研究证实:①在 PbSe 量子点中,发生在带内 (价带 → 价带和导带 → 导带) 与带间 (价带 → 导带) 的激发包含了各种分裂的能量状态;②由于在 PbSe 中的电子有效质量 m_e^* 与空穴有效质量 m_h^* 大体相当,价带能级之间的距离与导带能级之间的距离是相等的,且在 500meV 的价带能量范围内同时存在几个价带极大值 (VBM);③光吸收谱的测量证实,光吸收峰起因于 $1P_h \rightarrow 1P_e$ 的激发跃迁。图 8.8(a) 给出了 PbSe 体材料的能带结构,图中取价带顶的能量为零。由图可以看出,在低于零能量以下的 500meV 范围内,包含有三个价带极大值。图 8.8(b) 给出了半径为 30.6Å 时 PbSe 量子点的态密度。由图可以看出,由于谷间耦合的存在,在 4 个类 S 型能级之间的简并分裂为 15meV。研究结果指出,理论计算与实验测量二者一致。

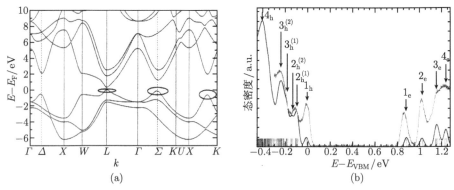

图 8.8　PbSe 量子点的能带结构 (a) 和态密度 (b)

Petkov 等[11] 利用 X 射线衍射测试分析技术, 并结合原子对分布函数和计算机模拟方法, 研究了 PbSe 量子点的原子组态。当 PbSe 量子点中的 Pb 和 Se 原子数相等时, 该量子点的原子组成是化学计量的, 图 8.9 给出了一个尺寸为 2.8nm 的 PbSe 量子点原子组态形式。其中, 图 8.9(a) 是由 (100) 和 (111) 晶面终端的 PbSe 纳米晶粒, 两个晶面分别由 Pb 和 Se 原子所终端; 而图 8.9(b) 同样是由 (100) 和 (111) 晶面终端的 PbSe 纳米晶粒, 但两个晶面都由 Pb 原子所终端; 由于 PbSe 量子点的不同, 将会导致其禁带宽度发生变化, 图 8.9(c) 给出了一个 PbSe 量子点的禁带宽度随其尺寸的变化。由图 8.9(c) 易于看出, 随着量子点尺寸的减小, 其禁带宽度进一步增加。

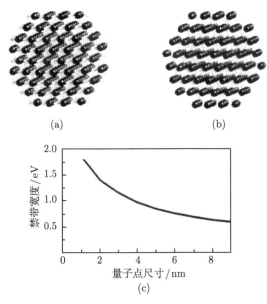

图 8.9　PbSe 量子点的原子组态 (a)、(b) 以及禁带宽度随量子点尺寸的变化 (c)

8.4.2 PbSe 量子点中的碰撞电离

PbSe 量子点中的多激子产生基于其中载流子的碰撞电离过程[12]。图 8.10(a)~ (g) 给出了发生在 PbSe 量子点中的载流子弛豫模型。当 PbSe 量子点吸收一个 $h\nu > 2E_g$ 能量的光子后，可以产生一个高能量的电子–空穴对 (a)；通过碰撞电离，该电子–空穴对可以产生两个电子–空穴对 (b) 和 (c)，然后这两个电子和空穴将通过声子辅助形成一个基态双激子 (d)；该双激子通过俄歇复合延迟成为一个受激状态的单激子 (e) 和 (f)；最终该激子通过电子和空穴的变冷而被热化 (g)。

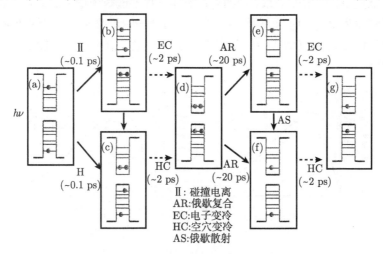

图 8.10 PbSe 量子点中的载流子弛豫模型

应该指出的是，不同尺寸的量子点具有不同的碰撞电离能量阈值，这是因为量子点的尺寸不同，使其禁带宽度不同。量子点的尺寸越小，其禁带宽度越大，这就是人们熟知的量子点的带隙宽化现象。例如，对于 PbSe 量子点而言，当其尺寸分别为 5.7nm、4.7nm 和 3.9nm 时，其禁带宽度分别为 0.72eV、0.82eV 和 0.91eV。下面我们将着重讨论发生在 PbSe 量子点中的多激子产生及其量子产额。

8.4.3 载流子倍增的量子产额

Klimov 等[3] 首次用实验证实了发生在晶粒尺寸为 4~6nm 的 nc-PbSe 中的多激子产生过程。据报道，当入射光子能量为 nc-PbSe 禁带宽度的 3 倍时，便可以产生两个或两个以上的激子，说明这种激发效率是很高的，而且具有皮秒量级的快速激发过程。他们还理论计算了采用 nc-PbSe 的单结太阳电池的转换效率随禁带宽度的变化关系。图 8.11(a) 是在碰撞电离阈值能量为 nc-PbSe 禁带宽度的 3 倍和具有不同碰撞电离效率 η_{ii} 的条件下，器件转换效率 η 随 nc-PbSe 禁带宽度的变化规律。由图可见，随着 η_{ii} 从 25% 增加到 100%，其 η 值从 43.9% 增加到 48.3%。研究还指出，太阳电池的转换效率可以通过减小碰撞电离的能量阈值得以实现。图 8.11(b) 给出了当碰撞电离效率 η_{ii}=100% 和具有不同的碰撞电离阈值能量的条件下，器件能量转换效率 η 随 nc-PbSe 禁带宽度的依存关系。由图可知，当碰撞电离阈值能量从 $5E_g$ 减小到 $2E_g$ 时，其 η 值增加了 37%，即达到了 60.3%。2006 年，Schaller 等的研究发现，当用高能紫外线轰击 PbSe 和 PbS 量子点时，每个吸收光子可以产生 7 个激子，这相当于仅有 10% 的光子能量被损耗掉；而对于每个吸收光子只产生一个激子的情形，所浪费掉的光子能量则高达 90%。图 8.12 给出了其量子产额与光子能量 E_g 的依赖关系。由图可以看出，对于这两种量子点而言，多激子产生的能量阈值为 $3E_g$，而当利用 $h\nu$ =7.8E_g 的光子能量照射 PbSe 纳米量子点时，其量子产额值可高达 700% 以上，这是在目前各种量子点结构中所能观测到的最高量子产额[13]。

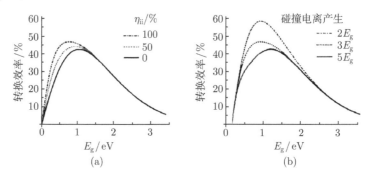

图 8.11   PbSe 量子点太阳电池功率转换效率的计算结果

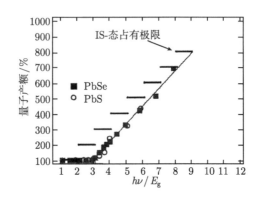

图 8.12   PbSe 和 PbS 量子点太阳电池的量子产额

与此同时，Ellingson 等[14] 也开展了胶体 PbSe 量子点中多激子产生的实验研究。结果指出，当入射单光子能量为量子点禁带宽度的 4 倍时，将会由一个光子产生 3 个激子，相当于获得了 300% 的量子产额。应该注意到，由于量子点的直径不同, 其禁带宽度也不一样, 所以在同样光照条件下的多激子产生效应也不尽相同。例如, 当 PbSe 量子点的直径分别为 3.9nm、4.7nm 和 5.4nm 时, 其禁带宽度分别为 0.91eV、0.82eV 和 0.72eV。当 $h\nu/E_g=3$ 时, PbSe 量子点开始呈现出多激子产生效应; 当 $h\nu/E_g=4$ 时, 将出现明显的多激子产生效应, 量子产额将急速增加, 其值可高达 300%以上, 如图 8.13(a) 所示。Luther 等[15] 研究了耦合 PbSe 量子点中的多激子产生效应, 同时 8.13(b) 给出了该量子点的量子产额。由图可以看到, 对于一个禁带宽度为 0.84eV 的 PbSe 量子点, 当 $h\nu/E_g=4.5$ 时, 其量子产额为 225%。同时, 图中也给出了 Ellingson 等的实验结果, 二者吻合一致。Kim 等[16] 研究了 PbSe 量子点中的多激子产生过程, 图 8.13(c) 给出了归一化的量子产额与 $h\nu/E_g$ 的依赖关系。由图可以看出, 当 PbSe 量子点的禁带宽度为 0.704eV 时, 多激子产生的能量阈值为 $h\nu/E_g=2.8$; 当 $h\nu/E_g=4.4$ 时, 可获得 210%的最高量子产额。为便于比较, 图中还同时给出了 Schaller 和 Ellingson 的实验结果。

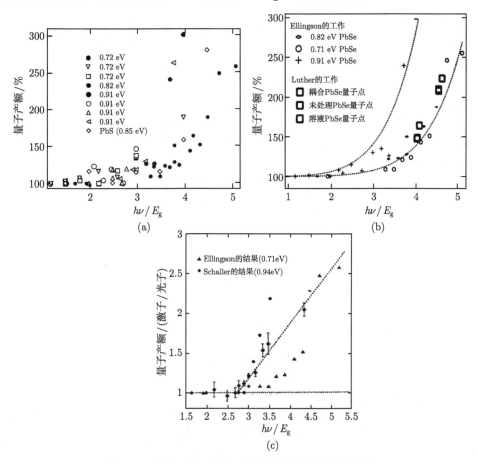

图 8.13 各种 PbSe 量子点中多激子产生的量子产额

Shabave 等[17] 研究了 PbSe 量子点中利用单光子激发的多激子产生过程。图 8.14 给出了在不同 r_1/r_2 比值条件下，量子产额与量子点直径的依赖关系。其中，r_1 和 r_2 分别为受激的激子与双激子的延迟速率。由图可以看出，当 $r_1 = r_2$ 时，量子点具有较低的量子产额，随着 r_1 的减小，量子产额随之而增加；而对于同一 r_1/r_2 的比值，量子产额随量子点直径的变化不太明显。这一结果说明，发生在 PbSe 量子点中的多激子产生，除了碰撞电离的能量阈值之外，还与其中的载流子延迟动力学过程直接相关。2009 年，Beard 等[18] 研究了经化学处理的 PbSe 纳米晶粒中的多激子产生，发现对于一个直径为 3.7nm 的纳米晶粒，$h\nu/E_g=4$ 时的量子产额在 1~2.4，即每个光子可产生 1~2.4 个激子；而对于一个直径为 7.4nm 的纳米晶粒，$h\nu/E_g=5$ 时的量子产额在 1.1~1.6，即每个光子可以激发 1~1.6 个激子，图 8.15 给出了这一实验结果。

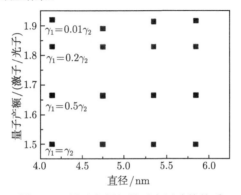

图 8.14   量子产额与量子点尺寸的关系

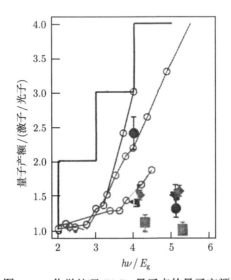

图 8.15   化学处理 PbSe 量子点的量子产额

更有最近，Semonin 等[19] 研究了 PbSe 量子点的量子效率，获得了峰值光电流量子效率超过 100%的实验结果。图 8.16(a)～(c) 分别给出了外量子效率、内量子效率和光电流量子效率与 $h\nu/E_g$ 的关系。由图 8.16(a) 可以看出，对于禁带宽度为 0.73eV、0.72eV 和 0.71eV 的三个 PbSe 量子点而言，当光子能量为 3.2eV 左右时，其外量子效率峰值均超过 100%，最大值为 114±1%。由图 8.16(b) 可以看出，当 $h\nu/E_g > 4$ 时，其内量子效率也超过了 100%；尤其是当 $h\nu/E_g = 5$ 时，内量子效率高达 130%。由图 8.16(c) 可以看出，产生多激子的能量阈值为 $h\nu/E_g = 2.5$；随着 $h\nu/E_g$ 的进一步增加，光电流量子效率呈线性增加趋势，当 $h\nu/E_g = 5$ 时其最高效率为 100%。该小组不仅实验研究了 PbSe 量子点的量子效率，同时还给出了发生在 PbSe 量子点中多激子产生能量阈值的经验表达式，即

$$E_{th} = \left(1 + \frac{1}{Y_{MEG}}\right) E_g = (2.61 \pm 0.63) E_g \tag{8.13}$$

式中，Y_{MEG} 为多激子产生的量子产额，该公式与上述各实验测量结果基本一致。

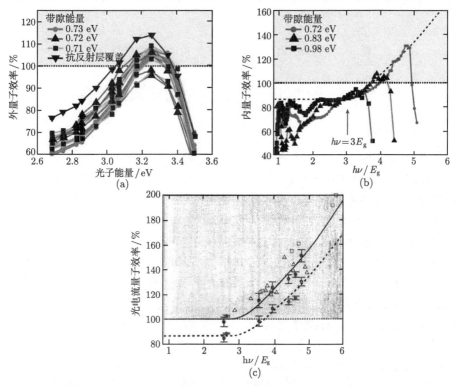

图 8.16 PbSe 量子点的外量子效率 (a)、内量子效率 (b) 和光电流量子效率 (c)

除了 PbSe 量子点之外，同属Ⅳ–Ⅵ族的 PbTe 量子点也有着良好的多激子产生能力。Murphy 等[20] 研究了 PbTe 胶体纳米晶粒中的多激子产生过程。图 8.17(a)

给出了 PbTe 量子点的禁带宽度随其尺寸的变化, 其中的内插图是由化学自组装方法形成的 PbTe 量子点的 TEM 照片, 其尺寸分布范围在 2.6~8.3nm。由图可以看出, 当量子点尺寸小于 3nm 后, 其禁带宽度急剧增加。图 8.17(b) 给出了 PbTe 量子点多激子产生的量子产额。由图可以看出, 一个光子产生一个激子的能量阈值为 $h\nu/E_g=2$; 当 $h\nu/E_g>3$ 时, 可获得大于 150% 的量子产额; 而当 $h\nu/E_g=4$ 时, 其量子产额则接近于 300%。

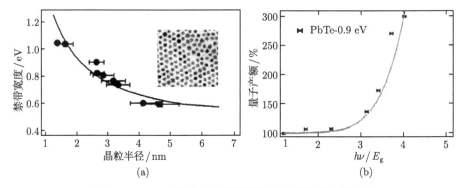

图 8.17   PbTe 量子点的禁带宽度 (a) 和量子产额 (b)

8.5   Si 和 CdSe 量子点中的多激子产生

8.5.1   Si 量子点

Si 是一种重要的光伏材料, 研究 Si 纳米结构中的多激子产生效应具有重要意义。Beard 等[21] 首次采用超快速瞬态吸收谱实验研究了胶体 Si 纳米晶粒中的多激子产生过程。当 Si 纳米晶粒尺寸为 9.5nm(相当于 $E_g=1.20eV$) 时, 导致多激子产生的光子能量阈值为 2.4eV; 当吸收光子能量 $h\nu/E_g=3.4$ 时, 获得的多激子产生的量子产额为 260%。显而易见, Si 纳米晶粒有着远大于体 Si 的量子产额。Timmerman 等[22] 研究了 Si 纳米晶粒尺寸为 3.1nm 和相邻 Si 晶粒间距为 3nm 时的 Si 纳米晶粒之间的双光子产生过程。研究发现, 当入射光子能量 $h\nu>2E_g\approx3eV$ 时, 一个具有高能量的光子首先在第一个 Si 纳米晶粒中产生一个电子–空穴对, 然后多余的能量通过俄歇过程激发相邻 Si 纳米晶粒, 最后产生激子发光。该实验结果为利用 Si 量子点等纳米结构设计和制作高效率的低成本太阳电池提供了理论依据。图 8.18(a) 和 (b) 分别给出了胶体 Si 纳米晶粒的 HRTEM 照片和多激子产生的量子产额。

Prezioso 等[23] 利用在金属–绝缘体–半导体结构 (MIS) 所观测到的超线性光伏特性, 研究了多激子产生过程, 其中的绝缘体是一个包含有纳米晶 Si(nc-Si) 的富 Si 氮氧化物层。图 8.19(a)~(c) 分别给出了该器件的结构的短路电流与入射光功率的依赖关系和用于解释该超线性光伏特性物理起因的能带模型。由图 8.19(a)

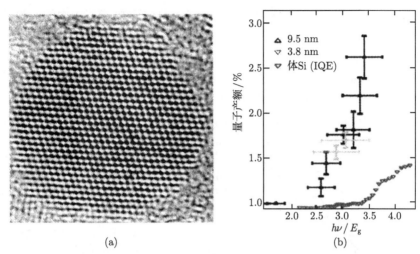

图 8.18 胶体 Si 纳米晶粒的 HRTEM 照片 (a) 和多激子产生的量子产额 (b)

可以清楚地看到，该 MIS 结构在 488nm 和 633nm 两种波长的光照射下，短路电流呈现出超线性增加现象。实验研究指出，当光子能量被器件有源层吸收后，将在 nc-Si 中产生一个电子–空穴对 (图 8.19(b))。光生空穴几乎全部被俘获在 nc-Si 层中，而光生电子将有三种可能的选择，或者构成短路电流 (图 8.19(b) 中的过程 1)，或者同俘获的空穴发生辐射复合 (图 8.19(b) 中的过程 2)，或者被绝缘层/nc-Si 界面陷阱能级俘获 (图 8.19(b) 中的过程 3)。而在该模型中，电子俘获将是一个关键过程。事实上，当一个二级光子由相同的 nc-Si 吸收时，第 4 种选择是可能的，即由于吸收的光子能量远大于 nc-Si 的能隙，光生电子的附加动能可以通过俘获电子碰撞激发而释放 (图 8.19(c))，因此产生了由二次载流子导致的光生电流。这是产生超线性光伏性能的根本所在。

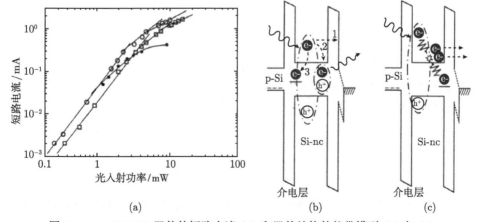

图 8.19 nc-Si MIS 器件的短路电流 (a) 和器件结构的能带模型 (b) 与 (c)

Su 等[24] 基于费米统计理论和碰撞电离机制研究了 Si 量子点中的多激子产生效应。结果指出，多激子产生的量子产额与 Si 量子点直径和入射光的能量直接相关，产生多激子的能量阈值为 $h\nu/E_g$=2.2~3.1。对于一个半径为 9.5nm 的 Si 量子点，当 $h\nu/E_g$=3.3 时，其量子产额高达 260%，如图 8.20(a) 所示。图 8.20(b) 和 (c) 分别给出了理论计算的 Si 量子点的转换效率和内量子效率与量子点半径的关系。由图可以看出，当入射光波长为 150nm 时，Si 量子点的内量子效率高达 490%。

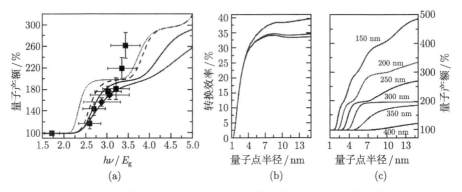

图 8.20 Si 量子点的量子产额 (a)、转换效率 (b) 和内量子效率 (c)

8.5.2 CdSe 量子点

CdSe 是一种 II-VI 族直接带隙化合物半导体，室温下的禁带宽度为 1.74eV。由于 CdSe 材料具有良好的光吸收特性，因而在高效率光伏器件中具有重要的应用。关于 CdSe 量子点中的多激子产生过程，Califano 等[25] 理论研究了发生在 CdSe 量子点中的由于逆俄歇过程而导致的直接载流子倍增效应。他们利用半经验的全赝势方法计算了载流子的倍增速率与入射光子能量的依赖关系，指出对于一个平均直径为 2.93nm 的胶体 CdSe 量子点，其载流子倍增速率远大于其常规的体材料，在室温条件下可以由一个吸收光子激发产生两个电子–空穴对。Schaller[26] 的小组研究了 CdSe 量子点中的多激子产生过程，对于直径为 3.2nm 的 CdSe 量子点，当 $h\nu/E_g$=1.5 时，其多激子产生的量子产额为 100%；而当 $h\nu/E_g$=2.5 时，多激子产生的量子产额开始增加；而当 $h\nu/E_g$=3 时，量子产额为 160%。Rabani 等[27] 理论研究了 InAs 和 CdSe 量子点中的多激子产生速率。结果指出，在这两种量子点中，多激子产生的能量阈值为 $h\nu/E_g$=2~3。他们还给出了由光子产生激子数量的表达式，即

$$N_{ex}(E) = \sum_{ia} p_{ia}(E)(2\Gamma_{ia} + \gamma)/(\Gamma_{ia} + \gamma) \tag{8.14}$$

式中，$p_{ia}(E)$ 为激子产生的概率；γ 为一个单激子弛豫到其最低能态的延迟速率（$\gamma = 3ps^{-1}$）；Γ_{ia} 为总的延迟速率。

8.6 量子点激子太阳电池

人们在开展量子点中多激子产生效应研究的同时，也初步进行了量子点激子太阳电池的尝试性研究。不过，目前所制作的各种量子点激子太阳电池，其转换效率均相对较低。2008 年，Kim 等[28] 试制了由 PbSe 纳米晶粒与 P3HT/PCBM 聚合物构成的串联太阳电池，并研究了该电池的载流子倍增效应。其中，PbSe 纳米晶粒薄膜作为顶电池，起着一个用来吸收短波长光子能量的作用；而 P3HT/PCBM 异质结作为底电池，主要用于收集来自 PbSe 层的光产生电荷。图 8.21(a) 给出了该光伏器件的结构形式与能带图。图 8.21(b) 给出了 PbSe 量子点中多激子产生的量子产额，其能量阈值为 $h\nu/E_g$=2.5~3.0。在 AM1.5 光照射下，该太阳电池的转换效率为 3.3%。Law 等[29] 制作了 PbSe 纳米晶粒背接触肖特基太阳电池，当 PbSe 纳米晶粒直径为 (5.1 ± 0.4)nm 时，其外量子效率与内量子效率分别为 (60 ± 5)% 和 (80 ± 7)%。

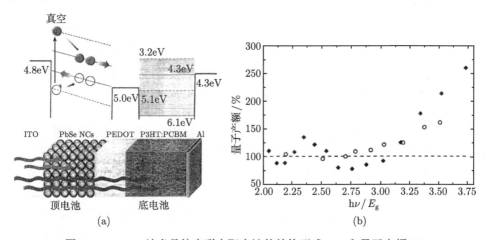

图 8.21 PbSe 纳米晶粒串联太阳电池的结构形式 (a) 和量子产额 (b)

2009 年，Leschkies 等[30] 利用 PbSe 量子点与 ZnO 纳米线制备了异质结太阳电池。图 8.22(a) 和 (b) 分别给出了该太阳电池的器件结构和光子收集效率。由图 8.22(b) 可以看出，与没有 ZnO 纳米线的太阳电池相比，长度为 660nm 的 ZnO 纳米线太阳电池有着更高的光子收集效率，其转换效率为 20%。同年，Ma 等[31] 采用三元合金 PbS_xSe_{1-x} 纳米晶粒制作了太阳电池，在 AM1.5 光照下的光伏参数为 J_{sc}=14.8mA/cm^2、V_{oc}=0.45V、FF=0.50 和 η=3.3%；而对于仅采用 PbS 和 PbSe 量子点制作的太阳电池，其转换效率只有 1.7% 和 1.4%。与此同时，Chol 等[32] 利用 ITO/ZnO/nc-PbSe/Al 结制作了太阳电池，在 AM1.5 光照条件获得了

$V_{oc}=0.44V$、$J_{sc}=24mA/cm^2$、$FF=0.32$ 和 $\eta=3.4\%$的光伏特性。2011 年，Ma 等[33]
利用尺寸为 1～3nm 的超小 PbSe 纳米晶粒制作了量子点激子太阳电池，在 AM1.5
光照下获得了 0.6V 的开路电压。该光伏器件产生第一个激子的能量阈值为 1.6eV，
典型的转换效率为 3.5%，最高转换效率可达 4.57%。

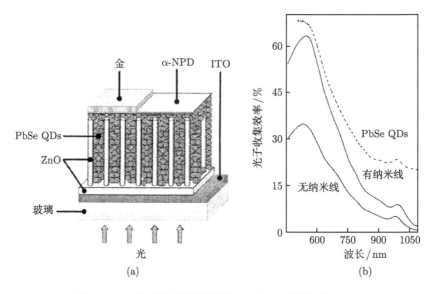

图 8.22   太阳电池的器件结构 (a) 和光子收集效率 (b)

最近的两项工作值得注意。Wang 等[34] 采用 MoO_3 和 TiO_2 作为梯度复合
层，首次制作了 PbS 量子点太阳电池。该梯度复合层的设置，其主要目的是为
了提高底电池到顶电池的功函数，借以增加光生载流子的收集率。该太阳电池
的开路电压高达 1.06V，等于两个单结太阳电池开路电压的总和，转换效率达到
了 4.2%。图 8.23(a) 和 (b) 分别给出了该太阳电池的 J-V 特性和外量子效率。
由图 8.23(a) 可以看出，在 AM1.5 光照下，单结可见光太阳电池的光伏参数为
$V_{oc}=0.7V$、$J_{sc}=8.7mA/cm^2$、$FF=0.49$ 和 $\eta=2.93\%$，如图中的曲线①所示；而单结红
外光太阳电池的光伏参数为 $V_{oc}=0.39V$、$J_{sc}=18.6mA/cm^2$、$FF=0.42$ 和 $\eta=3.04\%$，
如图中的曲线②所示。从图 8.23(b) 可以看出，太阳电池的光吸收波长已经从 400nm
扩展到 1400nm，这是太阳电池转换效率能够得以提高的主要原因。与此同时，Gao
等[35] 则采用 MoO_x 和 V_2O_x 两种过渡金属氧化物作为空穴激发层制备了 ZnO/PbS
量子点太阳电池，在 AM1.5 光照下同样获得了 4.4%的转换效率。研究发现，在 PbS
和 MoO_x 界面形成的偶极子增加了能带弯曲程度，从而允许在 PbS 层的价带中产
生有效的空穴激发，并通过在 MoO_x 的浅带隙态增强了光生载流子到金属阳极的
转换过程。

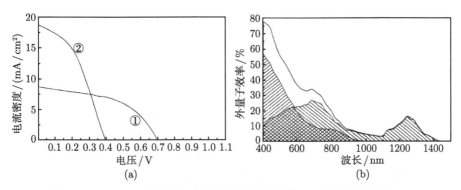

图 8.23 ZnO/PbS 量子点太阳电池的能带结构 (a) 和外量子效率 (b)

参 考 文 献

[1] Nozik A J. Physica E, 2002, 14:15

[2] Trapke T, Green M A. J. Appl. Phys., 2002, 92:1668

[3] Schaller R D, Klimov V I. Phys. Rev. Lett., 2004, 92:186601

[4] 熊绍珍, 朱美芳. 太阳能电池基础与应用. 北京: 科学出版社, 2009

[5] 彭英才, 傅广生. 材料研究学报, 2009, 23:449

[6] 太野垣健, 应用物理, 2010, 79:417

[7] 彭英才, 赵新为, 傅广生. 低维量子器件物理. 北京: 科学出版社, 2012

[8] Schaller R D, Sykora M, Pietryga J M, et al. Nano Lett., 2006, 6:424

[9] Takeda Y, Motohiro T. Sol. Energy Mater. Sol. Cells., 2010, 94:1399

[10] An J M, Franceschetti A, Dudiy S V, et al. Nano Lett, 2006, 6:2728

[11] Petkov V, Moreels I, Hens Z, et al. Phys. Rev., 2010, B81:241304

[12] Franceschetti A, An J M, Zunger A. Nano Lett., 2006, 6:2191

[13] Schaller R D, Sykora M, Pietryga J M, et al. Nano Lett., 2006, 6:424

[14] Ellingson R J, Beard M C, Johnson J C, et al. Nano Lett., 2005, 5:865

[15] Luther J M, Beard M C, Song Q, et al. Nano Lett., 2007, 7:1779

[16] Kim S J, Kim V J, Saho Y, et al. Appl. Phys. Lett., 2008, 9.2:031107

[17] Shabaev A, Efros A L. Nozik A J. Nano Lett., 2006, 6:2856

[18] Beard M C, Midgett A G, Law M, et al. Nano Lett., 2009, 9:836

[19] Semonin O E, Luther J M, Choi S, et al. Science, 2011, 334:1530

[20] Murphys J E, Beard M C, Norman a G, et al. J. Am. Chem. Soc., 2006, 128; 3241

[21] Beard M C, Knutsen K P, Yu P, et al. Nano Lett., 2007, 7:2506

[22] Timmerman D, Izeddin I, Pstallinga P, et al. Nature Photonics, 2008, 2:105

[23] Prezioso S, Hossain S M, Anopchenko. A, et al. Appl. Phys. Lett., 2009, 94:062108

[24] Su W A, Shen W Z. Appl. Phys. Lett., 2012, 100:071111

[25]　Califano M, Zunger A, Franceschetti A. Appl. Phys. Lett., 2004, 84:2409

[26]　Schaller R D, Agranovich V M, Klimov V I. Nature Physics, 2005, 1:189

[27]　Rabani E, Baer R. Nano Lett., 2008, 8:4488

[28]　Kim S J. Kim W J, Cartwright A N, et al. Appl. Phys. Lett., 2008, 92:191107

[29]　Law M, Beard M C, Choi S, et al. Nano Lett., 2008, 8:3904

[30]　Leschkies K S, Jacobs A G, Norris D J, et al. Appl. Phys. Lett., 2009, 95:193103

[31]　Ma W, Luther J M, Zheng H, et al. Nano Lett., 2009. 9:1699

[32]　Choi J, Lim Y F, Oh M, et al. Nano Lett., 2009, 9:3749

[33]　Ma W, Swisher S L. Ewers T, et al. ACS Nano, 2011, 5:8140

[34]　Wang X, Koleilat G I, Tang J, et al. Nature Photonics, 2011, 5:480

[35]　Gao J, Perkins C L, et al. Nano Lett., 2011, 11:3263

第9章 热载流子太阳电池

关于热载流子的概念，大家并不陌生。半导体物理指出，在强电场作用下载流子将从电场中获得很多能量，这使得它们所具有的平均能量要比平衡状态时大许多。此时，载流子与晶格系统不再处于同一个平衡状态，人们将这种载流子称为热载流子。

与此不同，用于太阳能转换的热载流子具有新的物理含义：它是指在光照射条件下，由高能量光子激发产生的热载流子在很短时间内与晶格发生相互作用，通过发射声子失去能量，后经热化弛豫回落到带边，并随之而变冷。在常规的太阳电池中，这种高能量的光生电子因不能被电极所收集，其能量被白白地浪费掉。这启示人们设想，如果在热载流子变冷之前由电极所收集，就会使它们的能量得到充分利用，从而使太阳电池获得较高的输出电压，以此大幅度提高其能量转换效率，这就是热载流子太阳电池概念 (HC-SC) 的由来[1]。能否实现热载流子太阳电池，从物理层面上讲就是热载流子被电极抽取的时间应快于它的热化弛豫时间，实际上这是一个二者相互激烈竞争的物理过程。

本章将主要讨论光生载流子的热化弛豫和变冷收集过程、热载流子太阳电池的理论转换效率、光学热载流子太阳电池、InN 热载流子太阳电池以及影响太阳电池转换效率的各种因素等，对热光伏太阳电池进行简单介绍。

9.1 光生载流子的热化弛豫和变冷收集过程

9.1.1 载流子的热化弛豫过程

当具有一定能量的光照射到固体表面时，会产生非平衡载流子，因而使系统处于一个非平衡状态；当光照结束之后，非平衡载流子发生复合，系统又回到初始的热平衡状态。采用时间分辨光谱方法，可以测量分析光生载流子的激发与复合行为。

图 9.1(a)~(e) 给出了在光照条件下电子和空穴随时间的变化情况[2]。当 $t=0$ 时，系统处于热平衡状态，导带底和价带顶有少量的载流子，其分布规律可由玻尔兹曼统计进行表征，如图 9.1(a) 所示。在 $t=0^+$ 的光激发瞬间，将产生非平衡载流子，光生载流子被激发到导带和价带高能态的分布情况如图 9.1(b) 所示。当 $0 < t < 1\text{ps}$ 时，经过几百个 fs 的时间，在同一带内非平衡载流子之间的弹性散射

使它们处于一个自平衡状态, 在这一过程中没有能量损失; 此时, 可以用有效载流
子温度 T_H 代替热平衡温度, 对应的化学势为 μ_H, 并将这样的载流子称为热载流
子, 如图 9.1(c) 所示。当 t~1ps 时, 热载流子开始同声子发生碰撞, 并逐渐损失其
能量; 最初热载流子能量比较高, 主要发射光学声子, 随后以发射能量较低的声学
声子为主。在这一过程中, 电子与空穴的总数量保持不变, 只是它们的有效温度逐
渐降低, 从而形成在电子与声子相互作用下的热化弛豫过程, 一直到光生载流子与
晶格系统达到热平衡为止, 如图 9.1(d) 所示。随着时间的增加, 光生载流子的复合
过程将上升到主导地位, 电子与空穴将主要以辐射复合的方式发生复合。此电子与
空穴的密度将随时间的增加而下降, 直至载流子的温度与晶格温度和环境温度趋
于一致, 费米能级又回到热平衡状态, 如图 9.1(e) 所示。

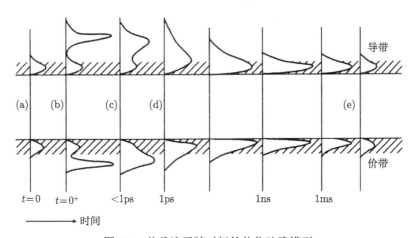

图 9.1   热载流子随时间的热化弛豫模型

9.1.2   热载流子的变冷收集过程

一般而言, 在一个稳定的光照条件下, 太阳电池中的非平衡载流子会进入一个
新的稳定状态。光激发载流子将经历以下三个动态过程: 一是光生载流子的热化弛
豫, 二是电子与空穴的辐射复合, 三是光生电子的变冷收集。它们分别对应于三个
时间常数, 即热化弛豫时间、辐射复合时间和抽取收集时间。

以上三个时间常数之间的竞争将直接决定太阳电池的转换效率[3]。很明显, 为
了获得高的转换效率, 应使载流子具有较长的寿命和较高的迁移率, 这样可以缩短
收集时间, 使光生载流子在复合之前就被电极所收集。也就是说, 要求载流子的变
冷收集时间短于复合时间。此外, 另一个竞争过程则是载流子收集时间与热化弛豫
时间的竞争。只有前者小于后者, 才能保证热载流子在高能态时就被直接收集, 这
是热载流子太阳电池的最本质物理体现。图 9.2 给出了热载流子的变冷收集过程。

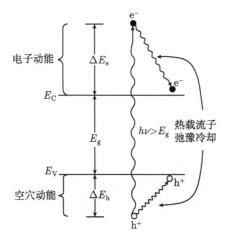

图 9.2 热载流子的变冷收集过程

9.2 热载流子太阳电池的转换效率

9.2.1 热载流子太阳电池的结构组态

在理论计算转换效率之前, 首先介绍热载流子太阳电池的结构组态。该结构由能量吸收体、能量选择接触层 (ESC) 和金属电极三个部分组成, 如图 9.3 所示。其中, E_g 和 d 分别为吸收体的禁带宽度和层厚, E_{FC} 和 E_{FV} 分别为吸收体中的电子和空穴准费米能级, E_e 和 E_h 分别为吸收体两侧 ESC 层的能级位置, V_e 和 V_h 分别为两侧金属电极的费米能级。位于中间能量吸收体的作用是吸收光子能量并产生热载流子, 两侧 ESC 层的功能是将能量高于 E_e 的电子和能量低于 E_h 的空

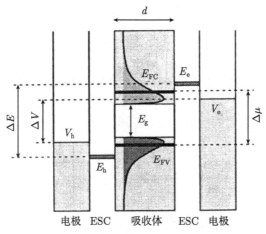

图 9.3 一个典型热载流子太阳电池的结构组态

穴, 这是因热化弛豫使它们在变冷之前, 就通过该层被迅速地抽取到金属电极中去。为了能够获得较高的转换效率, ESC 层应具有良好的传导特性和较薄的厚度, 同时要求导带中的电子和价带中的空穴处于一个相对稳定的平衡状态。

9.2.2　热载流子的等熵输出

涉及热载流子太阳电池工作的一个关键问题是如何实现热载流子的直接输出。具有温度为 T_H 的热载流子, 如果与通常的电极发生接触, 很快会被温度为 T_a 的电极所冷却。这说明热载流子在与电极接触的过程中有熵的产生, 因而造成了能量损失。为了防止热载流子因电极而导致的能量损失, 人们希望热载流子的输出是一个等熵过程。为此, 采用禁带宽度较小的半导体作为 ESC 层, 就可以使热载流子仅在一个相对较窄的范围内输出。图 9.4 给出了一个具有等熵输出电池结构的能带图[4]。其中, ESC1 具有窄的价带, 它可以收集电池价带中能量为 E_h 的热空穴; 而 ESC2 具有窄的导带, 它可以收集电池导带中能量为 E_e 的热电子。与此同时, 要求 ESC1 价带与 ESC2 导带的能带宽度远小于热能 kT。这样, 在热载流子通过 ESC 层被输出时, 可以基本避免能量损失, 因此有较高的输出电压。

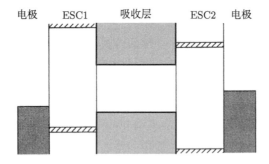

图 9.4　具有等熵输出的热载流子太阳电池结构

9.2.3　转换效率的理论计算

我们可以从粒子的守恒模型出发, 理论推导热载流子太阳电池的转换效率[5]。考虑到载流子有效质量、准费米能级、光生载流子密度以及部分光生载流子热化的影响, 可以给出从能量吸收体通过 ESC 层和金属电极被抽取到外电路的电流密度 J_{ext} 表达式, 即

$$J_{ext} = \int_{E_g}^{\infty} \Big[j_{abs}(E) - j_{em}(E) \Big] \mathrm{d}E = J_{abs} - J_{em} \tag{9.1}$$

式中, j_{abs} 为太阳电池吸收的光子流密度; j_{em} 为从吸收体发射的光生载流子密度, 而且假定光子能量 $E = h\nu > E_g$。j_{abs} 可由下式表示, 即

$$j_{abs}(E) = \frac{2\Omega_{abs}}{h^3 c^2} \frac{E^2}{\exp[E/kT_s] - 1} \tag{9.2}$$

式中，h 为普朗克常量；c 为真空中的光速；k 为玻尔兹曼常量；T_s 为黑体辐射温度 (5760K)；Ω_{abs} 为太阳光入射的立体角。而 $j_{em}(E)$ 可由下式给出，即

$$j_{em}(E) = \frac{2\Omega_{em}}{h^3 c^2} \frac{E^2}{\exp[(E_e - E_{FC})kT_e - (E_h - E_{FV})/kT_h] - 1} \tag{9.3}$$

式中，E_e 和 E_h 可分别表示为

$$E_e = \frac{E_g}{2} + \frac{(E - E_g)m_h^*}{m_e^* + m_h^*} \tag{9.4}$$

$$E_h = -\frac{E_g}{2} - \frac{(E - E_g)m_e^*}{m_e^* + m_h^*} \tag{9.5}$$

式 (9.3)~ 式 (9.5) 中，E_e 和 E_h 分别为电子与空穴的能量；m_e^* 和 m_h^* 分别为电子和空穴的有效质量；Ω_{em} 的值等于 π；T_e 为电子温度。

J_{ext} 与 E_e 的乘积应当等于从能量吸收体到金属电极抽取的电子能量流，而该能量流等于光吸收的能量流 $U_{abs\text{-}e}$ 与输出的能量流 $U_{em\text{-}e}$ 和热化的能量流 $U_{th\text{-}e}$ 之差，即

$$J_{ext}E_e = U_{abs\text{-}e} - U_{em\text{-}e} - U_{th\text{-}e} \tag{9.6}$$

式中

$$U_{abs\text{-}e} = \int_{E_g}^{\infty} E_e j_{abs}(E)\mathrm{d}E \tag{9.7}$$

$$U_{em\text{-}e} = \int_{E_g}^{\infty} E_e j_{em}(E)\mathrm{d}E \tag{9.8}$$

$$\begin{aligned}
U_{th\text{-}e} = &U_{abs\text{-}e} \exp(-\tau_{re}/\tau_{th\text{-}e}) \\
&- J_{abs}\left(\frac{1}{2}E_g + \frac{3}{2}kT_{RT}\right)\left[1 - \exp(-\tau_{re}/\tau_{th\text{-}e})\right]
\end{aligned} \tag{9.9}$$

式中，τ_{re} 和 $\tau_{th\text{-}e}$ 分别表示热载流子从产生到抽取过程的平均保持时间和热化弛豫时间；T_{RT} 为室温。

从金属电极到外电路的电子能量流 P_e 应等于 J_{ext} 和 E_e 的乘积，因此有

$$J_{ext}E_e = P_e + Q_e \tag{9.10}$$

$$J_{ext}(E_e - E_{FC})/T_e = P_e + Q_e/T_{RT} \tag{9.11}$$

式中，Q_e 是一个与能量吸收体中因热载流子分布产生的熵和 ESC 层中无熵产生相关的物理量。P_e 和 Q_e 分别由以下二式表示，即

$$P_e = J_{ext}[E_e - (E_e - E_{FC})T_{RT}/T_e] \equiv J_{ext}V_e \tag{9.12}$$

$$Q_e = J_{ext}(E_e - E_{FC})/T_{RT}/T_e \tag{9.13}$$

类似地，我们也可以推导出从能量吸收体中抽取到金属电极的空穴能量流 P_h，它可由下式给出，即

$$P_h = J_{ext}V_h \tag{9.14}$$

因此，热载流子太阳电池的转换效率可表示为

$$\eta = \frac{J_{ext}(V_e - V_h)}{\int_0^\infty J_{abs}(E)E\mathrm{d}E} \tag{9.15}$$

为了使问题简化起见，令 $T_e = T_h \equiv C$ 和 $U_{th\text{-}e} = U_{th\text{-}e} = 0$，那 J_{ext} 的表达式为

$$J_{ext} = \int_{E_g}^\infty j_{abs}(E)\mathrm{d}E$$
$$- \frac{2\Omega_{em}}{h^3c^2}\int_{E_g}^\infty \frac{E^2}{\exp[(E - \Delta\mu)/kT_c] - 1}\mathrm{d}E \tag{9.16}$$

$$J_{ext}\Delta E \equiv J_{ext}(E_e - E_h) = \int_{E_g}^\infty j_{abs}(E)E\mathrm{d}E$$
$$- \frac{2\Omega_{em}}{h^3c^2}\int_{E_g}^\infty \frac{E^3}{\exp[(E - \Delta\mu)/kT_c] - 1}\mathrm{d}E \tag{9.17}$$

式中

$$\Delta\mu \equiv E_{FC} - E_{FV} \tag{9.18}$$

因此转换效率为

$$\eta = \frac{J_{ext}\Delta V}{\int_0^\infty j_{abs}(E)E\mathrm{d}E} \tag{9.19}$$

式中

$$\Delta V \equiv V_e - V_h = \Delta E - (\Delta E - \Delta\mu)T_{RT}/T_c \tag{9.20}$$

和

$$\Delta E = E_e - E_h \tag{9.21}$$

9.2.4 影响转换效率的各种因素

1. 禁带宽度和载流子密度

基于以上所推导出的各表达式,可以理论计算热载流子太阳电池的转换效率。为了能够大幅度提高热载流子太阳电池的转换效率,作为能量吸收体的有源区应在光照条件下产生足够高的载流子密度,而光生载流子密度的高低又直接依赖于吸收体材料的禁带宽度。图 9.5(a) 给出了转换效率随禁带宽度的变化关系。很显然,对于同一禁带宽度而言,随着温度的增加,转换效率随之增加,这是由于温度升高使本征载流子激发密度增加的缘故。例如,当 $E_{\mathrm{g}} = 0.5\mathrm{eV}$ 时,随着 T_{C} 从 300K 增加到 1800K,转换效率从 56% 增加到了 75%;而对于同一温度,随着禁带宽度的增加,转换效率迅速减小,这是因为禁带宽度的增加减少了在某一光子能量照射下的激发载流子密度。例如,当 $T_{\mathrm{C}}=1800\mathrm{K}$ 时,转换效率从 $E_{\mathrm{g}} = 0.5\mathrm{eV}$ 时的 75% 降低到 $E_{\mathrm{g}} = 2\mathrm{eV}$ 时的 30% 左右。图 9.5(b) 给出了转换效率与载流子密度的依赖性。由图可以看到,转换效率随载流子密度呈线性增加趋势。这是由于高的载流子密度将保证有足够数量的载流子在热化弛豫到带边之前,能够迅速变冷并被抽取到外电路中去,从而对转换效率产生贡献。

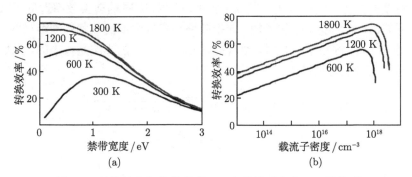

图 9.5 转换效率与禁带宽度 (a) 和载流子密度 (b) 的关系

2. 保持时间和热化时间

一般而言,足够长的载流子保持时间和热化弛豫时间转换效率的提高是十分有利的。不难理解,只有热载流子在被激发到足够的能量位置后,其能量在较长的时间内得以保存,才能够使它有更大的几率在使其变冷之前通过 ESC 层和金属电极被抽取到外电路中。图 9.6(a) 和 (b) 分别给出了转换效率随保持时间和热化时间的变化。由图可见,随着二者的增加,转换效率均呈线性增加趋势;而当热化时间为 $10^3\mathrm{ps}$ 时,转换效率达 50% 以上;当保持时间为 1ns 时,在最大聚光条件下的转换效率则高达 70% 以上。

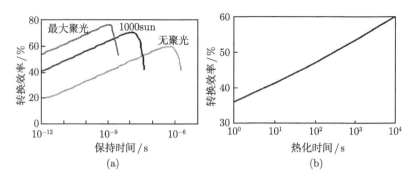

图 9.6   转换效率随保持时间 (a) 和热化时间 (b) 的变化

3. 有效质量和空穴温度

有效质量对转换效率的影响如图 9.7(a) 所示。由图可以看出, 当电子具有较小有效质量时, 太阳电池易于获得较高的转换效率。这是因为电子有效质量较小, 意味着导带具有较小的态密度, 因此使得导带准费米能级上升, 这将影响载流子密度的变化。图 9.7(b) 是在以不同电子有效质量为参变量的条件下, 得到的转换效率随空穴温度的变化。由图可见, 当 m_e^* 较小时, 300K 时的转换效率远低于较高空穴温度下的值; 而随着 m_e^* 的增加, 转换效率与空穴温度的依赖性渐渐减弱。这些结果表明, 当 m_e^* 远小于 m_h^* 时, 空穴热化对转换效率的影响是很小的, 虽然空穴的热化速率比电子更加迅速。

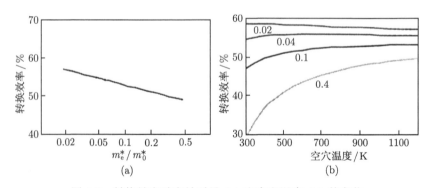

图 9.7   转换效率随有效质量 (a) 和空穴温度 (b) 的变化

4. ESC 层宽度和光照强度

ESC 层宽度 W_{esc} 与转换效率的关系主要体现在对热载流子抽取速率快慢的影响方面。当 W_{esc} 接近于零时, 与载流子抽取直接相关的熵减少到最小, 随着 W_{esc} 的增加, 熵的产生增加, 因此转换效率将降低。为了提高太阳电池的转换效率, 应尽可能减小 ESC 层的宽度。太阳光辐照强度对转换效率的影响是不言而喻的，即转换效率随着光照强度增加呈单调线性增加。图 9.8(a) 和 (b) 分别给出了转换效率与 ESC 层宽度和太阳光照射强度的关系。

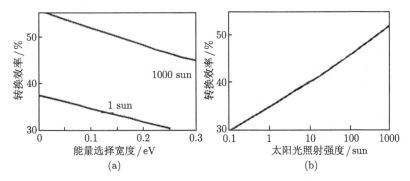

图 9.8　转换效率随 ESC 层宽度 (a) 和太阳光照射强度 (b) 的变化

9.3　光学热载流子太阳电池

所谓光学热载流子太阳电池，是指具有光学能量选择接触层 (光学 ESC) 的热载流子太阳电池。一般而言，表征 ESC 层物理性能的技术指标有三个，即接触层的宽度、载流子输运通道的传导性和通过接触层的端泄漏。对于通常的电学 ESC 层来说，当热载流子在通过 ESC 层变冷之前将有熵的产生，这样将使输出电压减小。如果 ESC 层的传导能力过强或过弱，又将直接影响载流子浓度的变化，这样会使光伏器件的工作特性偏离正常工作点。这是由于电学 ESC 是一种共振隧穿结构，在 ESC 的端点产生泄漏电流是不可避免的，而这必将使输出电压减小。

为了解决热载流子从半导体吸收层抽取时因电学 ESC 层接触存在的实际困难，人们提出了光学抽取热载流子的方案[6]。与电学方法相比，光学 ESC 允许在不影响热载流子密度和费米能级的条件下进行抽取，这样可以使热损耗减少到最小。如果光学 ESC 层的宽度很窄 (10~200meV)，光学态密度 (ODOS) 可以急剧增加，这样就加快了载流子的抽取速度，图 9.9(a) 给出了一个在光伏器件中采用光学 ESC 的热载流子太阳电池的结构组态。由于光学 ESC 层的设置，光学态密度强烈促使热载流子在一个很窄的宽度内发生辐射复合，这是一个在几乎没有熵产生或熵产生很小的情形下进行的过程，因此可以提高太阳电池的输出电压。图 9.9(b) 给出了光学热载流子太阳电池随太阳光聚光强度的变化。由图可以看出，随着聚光强度的增加，转换效率也随之增加，当光照强度为 1000sun 时，对于具有能量上转换和能量下转换组态的太阳电池，都可获得 50%~75% 的理论转换效率。

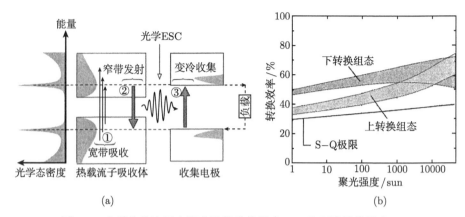

能量

光学ESC

窄带发射

变冷收集

②　③

负载

宽带吸收

光学态密度　热载流子吸收体　收集电极

(a)

转换效率/%

下转换组态

上转换组态

S-Q极限

聚光强度/sun

(b)

图 9.9　光学热载流子太阳电池的结构组态 (a) 和理论转换效率 (b)

9.4　InN 热载流子太阳电池

9.4.1　InN 热载流子太阳电池的结构组态

　　所谓 InN 热载流子太阳电池，是指以 InN 体材料作为能量吸收体的热载流子太阳电池。之所以采用 InN 作为能量吸收体，是因为主要考虑到以下两个因素：一是 InN 具有相对较窄的禁带宽度，其值为 0.7eV，这对它的光吸收是十分有利的；二是 InN 自身所具有的声子弥散特性使其在声学支和光学支之间具有较宽的能隙，因此可以利用从光学声子转化成声学声子的延迟行为慢化载流子的弛豫时间。图 9.10 给出了 InN 热载流子太阳电池的结构组态，其中 δE 为有限能量传输宽度。

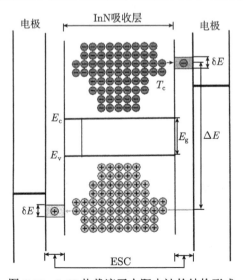

电极　　　　　　　InN吸收层　　　　　　电极

δE

T_c

E_c

E_g　ΔE

E_v

δE

ESC

图 9.10　InN 热载流子太阳电池的结构形式

一般而言,采用粒子数守恒或碰撞模型可以理论计算热载流子太阳电池的转换效率,但是这种计算方法与实际太阳电池的光伏特性有较大的偏离。因此,在考虑到粒子数守恒时,还应考虑到能量平衡、碰撞电离 (II) 以及俄歇复合 (AR) 等过程的影响。为此,Alibert 等[7] 首次考虑到 II-AR 时太阳电池光伏特性的影响,并理论计算了其转换效率。结果指出,当载流子的热化时间为 100ps 和照射强度为 1000sun 时,可获得 43.6% 的转换效率。

9.4.2　影响 InN 热载流子太阳电池转换效率的因素

1. 载流子抽取能量 ΔE

图 9.11 给出了当热化时间为 100ps、晶格温度为 300K 和吸收层厚度为 50nm 时,所计算的转换效率与有限能量传输宽度 δE 的关系。在 1000sun 的光照强度下,当载流子抽取量为 1.44eV 时,转换效率达到了 43.6%。在最大聚光条件下的能量效率高达 52%,而在无聚光条件下的转换率仅有 22.5%。从图中还可以看出,最大聚光条件下转换效率与载流子抽取能量的依赖性是很不明显的。这是因为在如此强的光照条件下,载流子的热化与产生热载流子的光能量密度相比,是完全可以被忽略的。当载流子抽取能量大于 1.62eV 时,转换效率将有一个大幅度的下降,这是由于此时俄歇复合速率要大于碰撞电离速率,同时会产生一个准费米能隙和非常低的载流子温度。

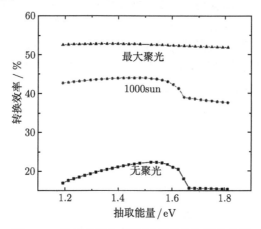

图 9.11　转换效率与有限能量传输宽度的关系

2. 载流子热化时间 τ_{th}

图 9.12 给出了以载流子抽取能量为参变量条件下,转换效率随载流子热化时间 τ_{th} 的变化。当 τ_{th} 很小 ($\tau_{th} = 10^{-14}$s) 时,转换效率为 22.3%,此值很接近于 InN 的 S-Q 极限效率。随着 τ_{th} 的增加,将会因载流子抽取能量的不同,使得转换

效率随之发生变化。这是由于载流子的热化过程与俄歇复合和碰撞电离之间有着一个十分复杂的相互依赖关系。当 τ_{th} 在 0.1ps~1μs 时，转换效率呈现一个单调增加的趋势；当 τ_{th}=1ms 时，转换效率可高达 73%，此时转换效率已不再依赖于载流子抽取能量和热化时间。

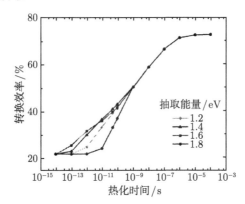

图 9.12　转换效率随载流子热化时间的变化

3. 吸收层厚度 d_{abs}

图 9.13 给出了以载流子抽取能量为参变量条件下，转换效率与能量吸收层厚度 d_{abs} 的关系。由图可以看到，在各种抽取能量下，当 d_{abs} <1000nm 时，转换效率随 d_{abs} 均呈急速增加趋势；此后，随着 d_{abs} 的继续增加，转换效率将急速下降，这是一个热化弛豫和光子吸收相互竞争的激烈过程。一方面，增大 d_{abs} 可以增加光吸收效率，从而有更多的热载流子产生；另一方面，由于载流子的热化作用净损耗也会增加，当热化损耗增加到起主导作用时，转换效率将有一个降落。由图还可以看出，当载流子具有较大抽取能量时，转换效率在一个较薄的吸收层厚度时便会急剧下降。

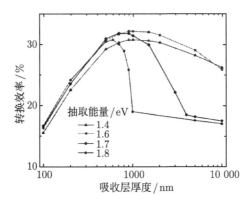

图 9.13　转换效率与吸收层的关系

4. 有限能量传输宽度 δE

为了获得 InN 热载流子太阳电池可能实现的最高实际转换效率，Aliberti 等[8] 研究了非理想条件下 ESC 层和吸收层对转换效率的影响。他们利用时间分辨的光致发光方法测量了热载流子的热化速率。图 9.14(a) 给出了在 1000sun 光照强度下转换效率随 δE 的变化。由图可以看出，转换效率不但随 δE 而变化，而且与 ΔE 直接相关。当 δE <0.6eV 时，转换效率均随 δE 的增加而增大，并在达到一个最大值 (24%) 之后不再发生变化。应该注意到，对于不同的 ΔE，转换效率与 δE 的依赖关系也是不一样的，即随着 ΔE 抽取能量的增加，使转换效率增加的 δE 值也随之变大。例如，当 ΔE=1.4eV 时，使转换效率直接增加的 δE >1eV，这是一个由 ESC 层中的热动力学过程和热载流子的热化速率共同制约的物理过程。图 9.14(b) 给出了在全聚光条件下的转换效率与 δE 的依存关系。当 1.0eV< ΔE <1.2eV 和 0.05eV< δE <0.1eV 时，太阳电池可以获得 36.2% 的最高转换效率；当 ΔE >1.2eV 时，俄歇复合的影响将超过碰撞电离而起支配作用，这将引起载流子到高能态的激发。

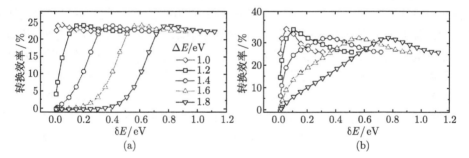

图 9.14 在 1000sun(a) 和全聚光 (b) 条件下转换效率随有限能量传输宽度的变化

9.5 热损耗对太阳电池转换效率的影响

前面几节中，我们分别介绍了各种热载流子太阳电池的理论转换效率。理想条件下，在吸收体和 ESC 层中均没有热损耗产生。易于理解，此时太阳电池的最佳化抽取能量应等于它所吸收的光子能量。也就是说，太阳电池将所吸收的光能全部用于产生电子–空穴对，并无损耗地被电极抽取收集。然而，在一个实际的太阳电池中，热损耗的存在总是不可避免的，而这些热损耗主要来自于吸收体和能量选择层。因此，热损耗的产生将直接影响太阳电池的转换效率。

Bris 等[9] 理论计算了在计算吸收体和接触层中热损耗之后的转换效率，并给出了一个能量损耗速率的表达式，即

$$P_{\text{th}} = Q_{\text{th}}(T_{\text{H}} - T) \exp\left(-\frac{E_{\text{P}}}{kT}\right) \tag{9.22}$$

式中，Q_{th} 为热化常数 $(\text{W}/(\text{K}\cdot\text{cm}^{-2}))$; E_{P} 为布里渊区中心纵光学声子的能量; T_{H} 和 T 分别为热载流子温度和晶格温度。

在考虑到热损耗的条件下，吸收层的光子流 J_{abs} 和功率 P_{abs} 分别可由以下二式给出，即

$$J_{\text{abs}} = J^{\text{e,h}} + (1 + \eta_{\text{nr}})J_{\text{em}} \tag{9.23}$$

$$P_{\text{abs}} = P^{\text{e}} + P^{\text{h}} + P_{\text{em}} + P_{\text{th}} \tag{9.24}$$

式中，$J^{\text{e,h}}$ 为接触层中收集的电子或空穴电流; P^{e} 和 P^{h} 分别为在电子和空穴接触层中的能量流; J_{em} 和 P_{em} 分别为因辐射复合导致的电荷流和能量流损耗; P_{th} 为声子产生的热损耗; η_{nr} 为非辐射复合速率。

图 9.15(a) 给出了具有不同热化常数 Q_{th} 时的转换效率与抽取能量 E_{ext} 的关系，图中的 E_{abs} 是在 6000K 黑体辐射条件下吸收光子的平均能量 ($E_{\text{abs}} = 1.91\text{eV}$)。由图可以看出，当 $E_{\text{ext}} < E_{\text{abs}}$ 时，可以获得较大的电流，但所收集的光产生电子-空穴对的抽取能量将小于可利用的能量，这将限制输出电压的大小，因此出现随着 E_{ext} 的增加而使转换效率增加的现象; 当 $E_{\text{ext}} > E_{\text{abs}}$ 时，可以获得较高的输出电压，但由于在电子气中可利用的能量不够充分，以至于载流子不能够被有效地抽取，因此出现随着 E_{ext} 的增加而使转换效率减小的现象。一个抽取能量的最佳值是随着吸收层中热化速率的增加而减小。有限能量传输宽度 δE 对转换效率的影响如图 9.15(b) 所示。当能量宽度 δE 很窄 ($\delta E \ll kT$) 时，在 ESC 层中的热流受到

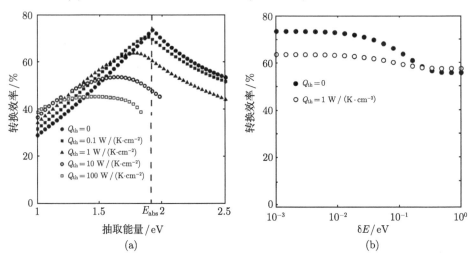

图 9.15   转换效率与抽取能量 (a) 和有限能量传输宽度 (b) 的关系

限制, 此时的转换效率与理想情形下热载流子太阳电池的效率大致相同。例如, 当 $Q_{th} = 0$ 时, 其值高达 70%以上; 当 $\delta E \approx kT$ 时, ESC 层中的热流将显著增加, 因此转换效率开始下降; 当 $\delta E \gg kT$ 时, ESC 层中的热流呈现饱和现象, 转换效率也因此几乎不再发生变化; 当 $Q_{th} = 1\mathrm{W} / (\mathrm{K} \cdot \mathrm{cm}^{-2})$ 时, 转换效率约为 50%。

9.6 超薄 a-Si:H 层太阳电池中的热载流子效应

a-Si:H 薄膜太阳电池已被人们研究 30 余年, 目前转换效率稳定在 7%~9%。2009 年, Kempa 等[10] 实验观测到了超薄有源区 p-i-n a-Si:H 薄膜太阳电池中的热载流子效应。他们采用等离子体化学气相沉积方法, 以 SiH_4 为反应气体源, 并分别以 B_2H_6 和 PH_3 为受主和施主掺杂剂, 在玻璃衬底上制备了 p-i-n 结构的 a-Si:H 薄膜太阳电池, 其中 i 层厚度为 $d = 5 \sim 300\mathrm{nm}$, n 区和 p 区厚度分别为 5nm。该光伏器件的光伏性能测试指出, 当 i 层厚度为 $d=5\mathrm{nm}$ 时, AM1.5 光照强度下的光伏参数为 $V_{oc}=0.79\mathrm{V}$、$J_{sc}=4.9\mathrm{mA/cm^2}$、$FF=0.66$ 和 $\eta=2.6\%$; 当 $d=10\mathrm{nm}$ 时, 光伏参数为 $V_{oc}=0.81\mathrm{V}$、$J_{sc}=5.3\mathrm{mA/cm^2}$、$FF=0.69$ 和 $\eta=2.9\%$。图 9.16(a) 和 (b) 分别给出了 a-Si:H p-i-n 太阳电池在 d 为 5nm 和 10nm 条件下电流密度与开路电压的关系。

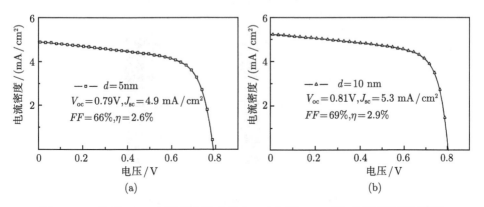

图 9.16   a-Si:H p-i-n 太阳电池在 d 为 5nm(a) 和 10nm(b) 条件下电流密度与开路电压的关系

导致这一光伏特性的物理起因有两个: 一是由于 i 区很薄, 载流子具有较大的漂移速度, 因此减少了辐射复合和非辐射复合机会; 二是强电场的存在加速了载流子在超薄 i 层中的抽取速率。这一结果意味着, 采用超薄纳米量子结构 (如纳米线、超薄异质结和量子阱等) 可以设计和制作具有高效率的热载流子太阳电池。

9.7　热光伏器件简介

9.7.1　热光伏太阳电池

　　热载流子太阳电池主要是为了如何充分利用高能端光子能量,使热载流子在热化弛豫变冷之前就被电极所收集,由此提高太阳电池转换效率的。除此之外,人们还开辟了另一种途径来改善太阳电池的光伏性能。热光伏太阳电池就是其中的一种。它的基本思路是:不使太阳光直接照射到电池上,而是首先辐射到一个光吸收体,该吸收体受热后再按一定的波长发射到电池,由此实现光电转换。由于光吸收体同时被加热和发射光子,因此它又被称为热吸收/光发射体。具体而言,在热光伏太阳电池中,太阳光与光伏器件之间的能量转换过程是直接通过一个热吸收/光发射体进行传递的。图 9.17 给出了热光伏太阳电池的工作原理,图中的 E、N 和 Q 分别表示能量流、粒子流和热流。由于热吸收/光发射体的温度比太阳温度低,因此其发射光子的平均能量下降、电池吸收较低能量的光子可以减少高能量载流子的热化损失。即使能量低于电池带隙宽度的光子不能被电池所吸收,这些低能光子也可被电池全部反射回热吸收/光发射体,由此可提高转换效率[11]。

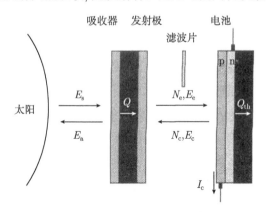

图 9.17　热光伏太阳电池的工作原理

　　从技术层面上来说,为了使发射体光谱与电池吸收有更好的能量匹配,可在二者之间加入一个适当窄通带的滤光片或光谱控制器。该滤光片的作用是,它仅允许能量为 $E_g + \Delta E$ 的光子通过,而其他能量的光子全部反射的反射体,这样会使入射光谱与电池吸收光谱有着良好的匹配特性。

　　与常规的太阳电池相比,热光伏太阳电池的主要优点是,发射体发射光子的能量略大于太阳电池的禁带宽度,可以减少和避免常规太阳电池中载流子的热化损失。未被电池吸收的光子与电池辐射复合的光子是没有损失的,它们可以被热吸收/光反射体再吸收，保持热发射体的温度，再发射到电池，从而实现光子的循环。利用细致平衡模型计算指出，热光伏太阳电池的极限效率与热载流子太阳电池几乎相同。在全聚光条件下，当发射体的工作温度为 2544K 时，电池的极限效率为 85%；在 1sun 光照条件下，发射体温度为 865K 时，电池的极限效率可达 54%。一个典型的热光伏太阳电池是由 Andreev 等[12] 所报道的 CdSb 热光伏太阳电池，该电池采用金属钨为热吸收/光发射体，工作温度为 1600~2000K，电池效率可达 19%。

9.7.2　热光子转换器

在热光伏太阳电池中，选择性的光发射器或窄带滤光片与强的光发射是太阳电池获得高转换效率的关键。据此，人们又进一步提出了热光子转换的概念[13]。它与热光伏太阳电池的主要不同之处是：热的太阳与冷的电池之间的能量转换不是通过热吸收传递的，而是通过被太阳光加热的发光二极管实现的。图 9.18 给出了一个典型热光子转换器的光电转换过程。这种热光子转换器具有优于热光伏电池的两个突出优势：① 加热的发光二极管具有与电池带隙相匹配的发光光谱，从此避免了在热光伏系统中构建精确滤光器的困难；② 发光二极管的热发射与偏置无关，其光发射强度比相同温度的黑体光辐射温度要高许多。

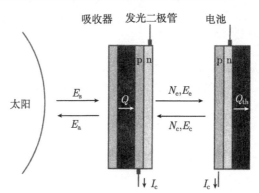

图 9.18　一个典型热光子转换器的光电转换过程

参 考 文 献

[1]　Ross R T, Nozik A J. J. Appl. Phys., 1982, 53:3813

[2]　Green M A. Third Generation Photovoltaics: Advanced Solar Energy Conversion. Berlin, Heidelberg: Springer-Verlag, 2003

[3]　熊绍珍, 朱美芳. 太阳能电池基础与应用. 北京: 科学出版社, 2009

[4]　Würfel P. Solar Energy materials and Solar cells, 1997, 46:43

[5]　Takeda Y, Ito T, Motohiro T, et al. J. Appl. Phys., 2009, 105:074905

[6]　Farrell D J, Takeda Y, Nishikawa K, et al. Appl. Phys. Lett., 2011, 99:111102

[7]　Aliberti P, Feng Y, Takeda Y, et al. J. Appl. Phys., 2010, 108:094507

[8]　Aliberti P, Feng Y, Shrestha S K, et al. Appl. Phys. Lett., 2011, 99:223507

[9]　Bris A L, Guillemoles J F. Appl. Phys. Lett., 2010, 97: 113506

[10]　Kempa K, Naughton M J, Ren Z F, et al. Appl. Phys. Lett., 2009, 95:233121

[11]　赵杰, 曾一平. 物理, 2011, 40:233

[12]　Andreev V M, Vlasov A S, Khvostikov V P, et al. 21st European PVSEC, 2006:35

[13]　Green M A. Prog. Photovoltaic, 2011, 9:123

第10章　表面等离子增强太阳电池

目前，各类薄膜太阳电池的研究与开发已取得长足进展。但是，由于薄膜光伏器件的吸收层厚度一般仅有 1~2μm，所以不能充分吸收和利用近带边附近的光子能量，特别是对于间接带隙的 Si 材料更是如此。因此，能否构建一种新的薄膜太阳电池，使其窗口层表面能够对入射光进行有效的光散射和光俘获，以此增加光吸收，是十分重要的。对于厚度为 100~300μm 的晶体 Si 太阳电池来说，通常是利用表面织构的方法增加光吸收，但这种方法并不适用于各类薄膜太阳电池。

最近，人们提出了一种利用纳米金属微粒在太阳电池表面产生的等离子增强作用对入射光进行散射和俘获的方法，以此达到增加光吸收的目的，这就是所谓的表面等离子增强太阳电池。大量理论和实验研究已指出，利用这种表面等离子增强工程可以使入射太阳光被有效地散射、俘获和聚集，从而大幅度改善其光伏性能。

本章首先介绍表面等离子激元的基本概念和薄膜太阳电池中的表面等离子增强效应，然后介绍等离子增强太阳电池的物理优势、结构形式以及几种典型表面等离子增强光伏器件的研究进展，最后对光子晶体太阳电池作简单介绍。

10.1　表面等离子激元概述

表面等离子激元是在金属–电介质界面中存在的一种特殊的电磁表面波模式。一般来说，金属是指 Au、Ag、Cu 和 Ni 等能够支持与激发表面等离子激元的贵金属，而电介质则主要包括空气、SiO_2 和 Si 等材料。如果在金属–电介质界面中传播的电磁波电矢量垂直于金属表面的分量不为零，那么金属表面的自由电子密度就会发生集体起伏和振荡而形成电荷密度波，从而感生出表面等离子激元[1]。

表面等离子激元具有表面局域和近场光增强两个主要物理属性，使其在表面增强传感特性、提高二极管发光效率以及改善太阳电池的光伏性能等方面具有重要的潜在应用。所谓表面局域性是在金属–电介质界面上存在比较大的场强分布，利用这种局域特性可以调控光与物质的相互作用，并增强材料的光学非线性；而近场光增强特性是指它能够将光波约束在空间尺度远小于其自由波长的区域，从而对光波在亚波长尺寸上进行控制与操纵。近场光增强的程度直接取决于金属的介电常数、表面粗糙度引起的损耗以及金属薄膜的厚度等因素。

表面等离子增强太阳电池主要是,利用其局部增强效应以有效俘获太阳光能,从而大幅度地降低传统太阳电池的制作成本和提高其能量转换效率,这是人们构建表面等离子增强太阳电池的主要物理起因。

10.2　薄膜太阳电池中的表面等离子增强效应

10.2.1　薄膜太阳电池的等离子光俘获效应

一般而言,表面等离子是由沉积在光伏器件表面的各种金属纳米微粒与太阳电池表面发生相互作用产生的。表面等离子体大体可以分为以下两种类型:一种是利用金属纳米微粒与半导体材料界面产生导电电子的激发形成局域表面等离子;另一种则是在金属纳米微粒层与半导体材料界面产生表面等离子激元。发生在薄膜太阳电池表面的等离子光俘获主要有以下三种方式[2]:① 以金属纳米微粒作为亚波长散射单元,自由地俘获从太阳光入射到半导体薄膜的平面光波,并使其耦合到吸收层中去,如图 10.1(a) 所示;② 以金属纳米微粒作为亚波长天线,使入射光以近场等离子形式耦合到半导体薄膜中去,以此有效地增加光吸收截面,如图 10.1(b) 所示;③ 让光吸收层背面上的波纹状金属薄膜耦合太阳光,使其在金属–半导体界面成为表面等离子激元模式,或使其在半导体平板表面成为波导模式,从而使入射光转换成半导体中的光生载流子,如图 10.1(c) 所示。采用以上三种光散射或光俘获技术,光伏器件的吸收层厚度可以 10 倍、甚至 100 倍的减薄,但光吸收系数仍能保持不变。

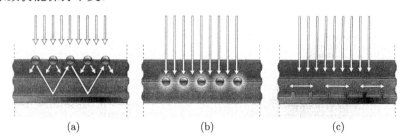

图 10.1　薄膜太阳电池中的表面等离子光俘获示意图

10.2.2　纳米微粒的等离子光散射效应

纳米微粒在半导体表面的光散射效应,最初是由 Stuart 等于 1996 年发现的[3]。他们利用紧密排列的纳米微粒阵列作为共振散射元,将入射光耦合到 SOI(绝缘体上的 Si) 光探测器上,使光电流增加了近 20 倍。其后,人们又陆续在单晶 Si、非晶 Si、量子阱以及 GaAs 太阳电池中观测到了表面等离子增强的光散射现象。但是迄今为止,这种等离子增强光散射的物理机制尚没有被进行深入研究。

2008 年，Catchpole 等[4] 首次理论研究了金属纳米微粒的形状与尺寸对光耦合效率的影响。图 10.2(a) 给出了具有不同形状和尺寸纳米微粒的光散射率与光波长的依赖关系。由图可以看出，随着微粒尺寸的减小，其光散射率增加，尤其是局域在半导体层表面的偶极子，由于它们具有较大的动量，可以有效增强近场耦合作用，因此具有较大的光散射率。对于非常接近于 Si 衬底表面的一个点偶极子，可以有 96% 的入射光被散射到 Si 衬底中。图 10.2(b) 是利用简单的一级散射模型，由计算得到的等离子散射光程增强与散射到衬底表面距离的关系。对于在 Si 表面上的直径为 100nm 的 Ag 半球状粒子，光散射率获得了近 30 倍的增加。

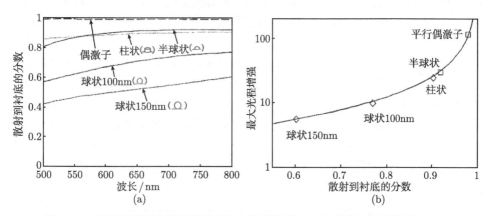

图 10.2　半导体表面金属纳米微粒的光散射特性 (a) 和形状与尺寸的关系 (b)

进一步的研究证实，发生在半导体薄膜表面的光散射，不仅与金属纳米微粒的尺寸和形状有关，而且还与衬底材料的类型等许多因素相关。因此，为了能使表面等离子光散射和光俘获最佳化，应在纳米微粒的种类、形状、尺寸、表面格栅衍射以及耦合波导模式等方面作综合考虑。

10.2.3　纳米微粒的等离子光聚焦效应

发生在薄膜太阳电池中的共振等离子体激发的主要作用，是利用金属纳米微粒周围的强局域场增加基质半导体材料的光吸收。具体而言，是纳米微粒有效地充当了一个 "天线" 效应，并以一个局域在表面的等离子模式存储入射的光能。这些所谓的 "天线"，对于载流子扩散长度较小的半导体材料是非常有用的，可以使光生载流子在接近于 pn 结附近的区域被有效收集。为了能够使半导体薄膜有效地产生等离子，以增强光吸收和光聚集，应使其光吸收速率大于经典延迟物理时间 ($\tau = 10 \sim 50$fs) 的倒数。这种高吸收速率现象已在许多有机半导体和直接带隙半导体中被实验观测到。

利用等离子近场耦合增强光电流的实验结果，已在各种薄膜太阳中被观测到。

例如，掺有直径为 5nm 的 Ag 纳米微粒的超薄膜有机太阳电池，其转换效率得到
进一步增加[5]；掺有 Ag 纳米微粒的有机体异质结太阳电池，其转换效率增加了 1.7
倍 [6]；在 CdSe/Si 异质结太阳电池中，由于近场光散射增强效应，也使光电流得以
明显增加[7]。

10.2.4   表面等离子激元的光俘获效应

　　表面等离子激元是沿着金属背接触和半导体吸收层界面传播的电磁波，它可
以有效地在半导体层中俘获并传导入射光。在 800~1500nm 的波长范围，等离子
激元的传播长度范围在 10~100μm。图 10.3 给出了在 Si/Ag、GaAs/Ag 和有机
薄膜/Ag 三种不同的界面，由表面等离子激元引起的光吸收特性与波长的依赖关
系[8]。由图可以看出，在 600~870nm 的波长范围内，GaAs/Ag 界面具有较高的光
吸收率，这是由于 GaAs 材料具有适宜的禁带宽度 (1.42eV) 和直接带隙性质。其
中，600nm 为 GaAs/Ag 界面的表面等离子激元的共振波长，870nm 是与 1.42eV
禁带宽度相对应的光吸收波长；在 Si/Ag 界面，光吸收率远低于 GaAs/Ag 界面，
尽管在 700~1150nm 波长范围有相对较大的光吸收率，这是由于 Si 是一种间接带
隙半导体材料所致；而对于有机薄膜/Ag 界面，在小于 650nm 的波长范围具有很
高的光吸收率，这起因于有机聚合物材料自身所具有的较大光吸收系数和低介电
常数。

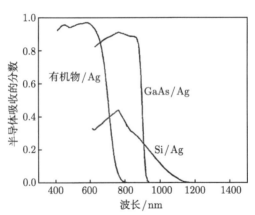

图 10.3   不同材料与 Ag 界面的光吸收特征

10.3   表面等离子增强太阳电池的物理优势

10.3.1   半导体光吸收层厚度的减薄

　　等离子光俘获概念的提出导致了新型薄膜太阳电池的设计，因此可以降低太

阳电池的制作成本。如果这种新概念太阳电池能够实用化，就可以使太阳电池的生产能力从 2009 年的 8GW 增加到 2020 年的 50GW。对于单结光伏器件来说，Si 是一种近乎理想的半导体材料，因为它具有适宜的禁带宽度、良好的 pn 结制作工艺、较大的载流子扩散长度和能够减少载流子复合的表面钝化措施。因此，等离子光俘获效应可以使仅有几个微米光吸收层厚度的单晶 Si 薄膜太阳电池得以实现。

利用等离子光俘获不仅可以减薄太阳电池的层厚，以此降低其生产制作成本，而且还可以有效改善其光伏特性。首先，太阳电池层厚的减薄可以使暗电流 I_{dark} 减小，从而使开路电压 V_{oc} 增加。V_{oc} 与 I_{dark} 的关系可由下式给出[9]，即

$$V_{oc} = (kT/q)/n(I_{photon}/I_{dark} + 1) \qquad (10.1)$$

式中，k 为玻尔兹曼常量；T 为绝对温度；q 为电子电荷；I_{photon} 为光电流。由式 (10.1) 可知，首先，太阳电池的效率随层厚的减薄而呈指数增加趋势；其次，在薄膜太阳电池中，如果光生载流子能在复合之前被电极所收集，就可以使光电流增加。也就是说，如果光生载流子能够渡越一个较短距离，就可能有更多的载流子被电极所抽取，减薄太阳电池吸收层厚度的目的也就在于此。这就意味着，半导体层厚的减薄，可以采用具有较小载流子扩散长度的光伏材料制作太阳电池，如多晶半导体、叠层量子点以及有机半导体等；此外，这种层厚减薄技术还可以为太阳电池制作提供更丰富和更廉洁的光伏材料，如 Cu_2O、Zn_3P_2 以及 SiC 等。因此，这样可以使现代光伏技术获得一个更广阔的发展空间。

10.3.2 大面积太阳电池制作的实现

为了能在薄膜太阳电池表面产生等离子耦合效应，需要制备出微粒尺寸可控和紧密排列的金属纳米粒子阵列。目前，虽然人们能够在实验室水平上利用电子束刻蚀或聚焦离子束技术制备出纳米金属微粒，但为了能够实现大面积光伏器件的制作，需要开发出制作成本低和工艺简单的规模化和量产化技术。

一种简单的在固体表面上形成金属纳米微粒的方法，就是人们所熟知的真空蒸发技术。它可以制备出薄至 10~20nm 的金属膜层，然后在 200~300°C 的加热条件下，依靠表面张力作用使薄膜凝聚成直径为 100~150nm 的半球状 Ag 纳米微粒阵列。为了能够更好地控制 Ag 纳米微粒的尺寸、密度和形貌比 (长度/直径)，可以在多孔 Al 平台上沉积实现。最近，有人报道了纳米打印技术制备大面积金属膜层，该技术可以在 0.1nm 精度上控制微粒的尺寸。图 10.4 给出了采用各种方法制作的大面积金属纳米微粒的 SEM 照片[10,11]。

在固体表面上金属纳米结构的集成可以减小电池表面的薄层电阻，从而可使输出功率增加。此外，在一个优化的等离子太阳电池结构中，金属纳米结构可以用金属指状结构进行集成，以此从电池中收集电流。更进一步，一个渗透纳米结构本

身就可以作为光电流的收集电极。不仅如此，利用金属纳米孔阵列还可以实现光的聚集，利用纳米尺度的金属接触还可以有效减小太阳电池表面的光反射损失。

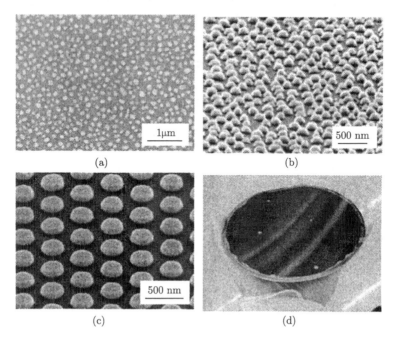

图 10.4   采用各种方法制作的具有不同形状大面积金属纳米粒子的 SEM 照片

10.4   表面等离子增强太阳电池的结构形式

作为表面等离子增强太阳电池的结构形式，大体可分为如下四种类型。① 等离子串联太阳电池[12]。这种太阳电池与叠层太阳电池相类似，是把具有不同禁带宽度的太阳电池从上到下串联起来形成的。但它与常规的叠层太阳电池所不同的是，各子太阳电池之间不是靠反向隧穿结实现连接的，而是由具有等离子纳米结构的金属接触层连接，并以此将太阳电池的光谱带耦合到各自相应的子电池中去，如图 10.5(a) 所示。② 等离子量子点太阳电池[13]。这种太阳电池主要是利用产生在量子点层和 Ag 界面的等离子激元，增强超薄量子点层的光吸收。其中，半导体量子点层是被埋在金属/绝缘体/金属的表面等离子激元波导之中的，如图 10.5(b) 所示。③ 光学天线阵列等离子太阳电池[14]。这种太阳电池是一个由金属和 P3HT 构成的轴向异质结构，光被聚集在两个天线分支之间的纳米孔隙中，光电流是在 P3HT 中产生的，如图 10.5(c) 所示。④ 法布里–珀罗腔等离子太阳电池[15]。在这种太阳电池中, 阵列式同轴孔是由具有低少子寿命的廉价半导体所填充, 载流子由金属所收集, 如图 10.5(d) 所示。在这种太阳电池中, 光吸收可以增强 50 倍, 因此具有非线性的光伏转换增强效应。

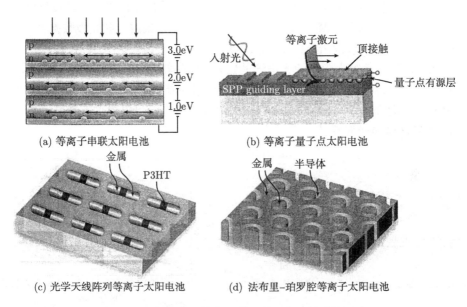

(a) 等离子串联太阳电池

(b) 等离子量子点太阳电池

(c) 光学天线阵列等离子太阳电池

(d) 法布里–珀罗腔等离子太阳电池

图 10.5 各种表面等离子增强太阳电池的结构形式

10.5 不同材料类型的表面等离子增强太阳电池

10.5.1 Si 基薄膜表面等离子增强太阳电池

澳大利亚新南威尔士大学的 Catchpole 研究小组在这方面作了富有成效的研究。2007 年, 该小组研究了 Ag 纳米微粒的局域表面等离子效应, 使其有效地增强了薄膜 Si 太阳电池的光吸收特性。实验结果发现, 表面等离子几乎可以在整个太阳光谱范围内增加太阳电池的光谱响应。在接近于 Si 禁带宽度的波长, 对薄膜 Si 和晶体 Si 两种太阳电池都观测到了有效的光吸收增强现象[16]。例如, 在 $\lambda=1200$nm 波长, 晶体 Si 太阳电池有 7 倍的增强; 而对于 Si 层厚为 1.25μm 的 SOI 结构太阳电池, 在 $\lambda=1050$nm 波长的光吸收则增强了 16 倍。同时, 他们还观测到超薄 SOI 发光二极管的电致发光强度有 12 倍的增强。图 10.6(a) 和 (b) 分别给出了 SOI 结构 Si 薄膜太阳电池和 Si 晶片太阳电池的结构示意图, 图 10.6(c) 则给出了表面具有不同 Ag 粒子直径的晶片 Si 太阳电池的光电流增强特性。由图可以看到, 当 Ag 微粒直径分别为 12nm、14nm 和 16nm 时, 在 AM1.5 光照条件下的光电流分别增加了 19%、14%和 2%。2009 年，该小组进一步研究如何利用局域表面等离子调谐太阳电池的光俘获效应。他们证实，利用红移的表面等离子共振波长，通过 Ag 纳米粒子周围环境的调整，可以增加基底 Si 晶片的光吸收[17]。在 1100nm 波长将有 5 倍的增加，薄膜 Si 太阳电池的外量子效率有 2.3 倍的增加。此外，通过局域化太阳电池背面纳米微粒的等离子效应，还可以避免低于共振波长的光吸收损耗，因此允许长波长光耦合到太阳电池中。尤其是最近，这个小组还研究了 SiO₂ 介电空间层厚度对多晶 Si 薄膜太阳电池光电流的影响。结果指出，具有较宽范围共振散射谱的随机纳米微粒阵列，其驱动场强度和耦合效率比共振波长的光俘获是更重要的。具有一个薄介电空间层的表面等离子增强太阳电池，可以更加有效地增加来自于 Ag 纳米微粒的光俘获[18]。

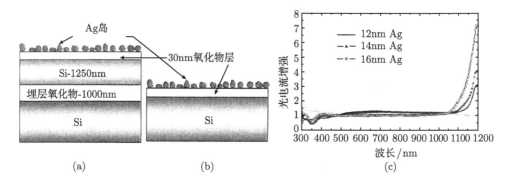

图 10.6　Si 薄膜太阳电池 (a) 和 Si 晶体太阳电池 (b) 的结构与晶体 Si 太阳电池的光电流增强特性 (c)

　　美国加利福尼亚大学的研究人员也进行了表面等离子增强太阳电池光伏特性的研究。2007 年，他们发现利用 Au 纳米微粒的表面等离子激元，可以增强 Si 光电二极管的光吸收[19]。他们研究采用有限元数值模拟了 Au 纳米微粒与 Si pn 结光电二极管之间的电磁相互作用。计算结果指出，Au 纳米粒子的存在可以导致半导体中的电磁场增强，因而增加了光电流响应，其光谱响应范围远长于纳米微粒表面等离子激元的共振波长；而在短波长范围，在半导体中的光电流响应相应减小。其后，该小组又研究了金属 Au 和 SiO₂ 介电纳米微粒的光散射对光伏器件的影响[20]，图 10.7(a) 和 (b) 分别给出了表面具有 Ag 纳米微粒的太阳电池的结构和 Au 纳米微粒的 SEM 照片，其粒子的面密度为 $1.4 \times 10^9 \mathrm{cm}^{-2}$。图 10.7(c) 和 (d) 分别给出了在 AM1.5 光照强度下具有 Ag 和 SiO₂ 纳米微粒 Si 光伏器件的 J-V 特性。对于表面沉积有 Au 纳米微粒的太阳电池，当粒子密度从 $4 \times 10^8 \mathrm{cm}^{-2}$ 增加到 $2 \times 10^9 \mathrm{cm}^{-2}$ 时，太阳电池的 J_{sc} 增加 1%~3%；而对于表面沉积有 SiO₂ 纳米微粒的太阳电池，当微粒密度从 $1 \times 10^9 \mathrm{cm}^{-2}$ 增加到 $3 \times 10^9 \mathrm{cm}^{-2}$ 时，其 J_{sc} 将增加 4%~9%。

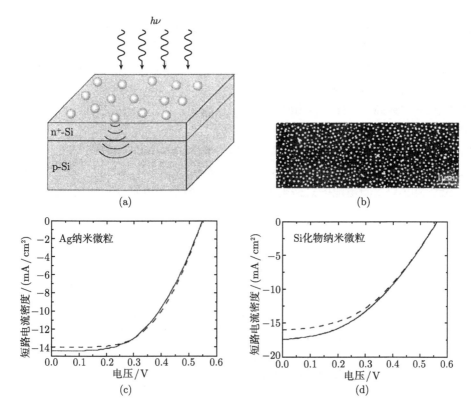

图 10.7　具有 Ag 纳米微粒光伏器件的剖面结构与 *J-V* 特性

除了上述两个小组之外，Kirkengen 等[21] 研究了晶体 Si 太阳电池中金属纳米微粒的表面等离子效应。偶极子模型证实，具有小尺寸纳米粒子中的等离子，在全波长范围内可以产生一个具有傅里叶分量的电场，这个电场可以在没有声子辅助的情况下产生电子–空穴对，对提高太阳电池效率是非常有益的。Hang 等[22] 利用一个 a-Si:H/ZnO/Ag 三层样品模拟薄膜 Si 太阳电池的背接触行为。测量结果指出，一个优化的 ZnO 厚度能够有效地减少光吸收损耗，该 ZnO 厚度大约为 60nm。2009年，Ferry 等[23] 研究了 Ag 纳米微粒等离子背接触对 p-i-n 结构 a-Si:H 薄膜太阳电池光伏特性的影响，证实电池效率可以从 4.5%增加到 6.2%，短路电流密度增加了26%。

10.5.2　量子阱表面等离子增强太阳电池

如果将具有一定尺寸的纳米粒子沉积在多量子阱结构表面，并通过纳米粒子诱导产生的光散射效应，可以有效改善量子阱结构太阳电池的光伏性能。Derkacs 等[24] 分别利用电子束蒸发工艺和溅射沉积方法，在晶格匹配的 InP/InGaAsP 多

量子阱 (MQW) 太阳电池结构表面形成了金属纳米膜层和介电纳米膜层。由于这些纳米微粒对入射光的强散射作用，对多量子阱有源区的光吸收产生了重要影响。一方面，它可以改善入射光子向器件有源区的传输，另一方面还可以将垂直入射光耦合到多量子阱层的横向光学封闭通路中，因此导致了光子吸收、光电流密度和转换效率的提高。例如，当 InP/ InGaAsP MQW 由 SiO$_2$ 纳米粒子覆盖时，其短路电流密度和转换效率分别增加了 12.9%和 17%；而当 InP/ InGaAsP MQW 由 Au 纳米粒子覆盖时，其短路电流密度和功率转换效率分别增加了 7.3%和 1%。图 10.8 给出了没有纳米粒子覆盖和有直径为 150nm 的 SiO$_2$ 纳米粒子覆盖时，InP/ InGaAsP MQW 太阳电池的短路电流密度和转换效率与外加偏压的依赖关系。

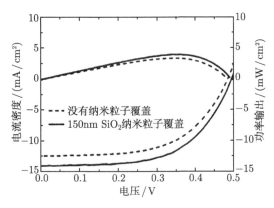

图 10.8 InP/ InGaAsP MQW 太阳电池的电流密度和功率输出与电压的依赖关系

Nakayama 等[25] 采用尺寸可控 Ag 纳米微粒的强光散射作用，有效地增加了 GaAs 太阳电池表面入射光子的吸收，使其短路电流密度增加了 8%。与此同时，高密度排列的 Ag 纳米微粒阵列所具有的高电导率降低了太阳电池表面的薄层电阻，从而使其填充因子得以增加。2009 年，McPheeters 等[26] 利用 Au 纳米粒子的表面光散射作用，使 InGaAs/GaAs 量子阱太阳电池的光吸收波长从 940nm 扩展到了 1100nm，从而使该太阳电池在 700~1100nm 波长范围的光电流增加了 10%，短路电流密度增加了 16%。2010 年，Pryce 等[27] 利用多孔氧化铝平台作掩膜，在 GaN/InGaN/GaN 量子阱太阳电池表面上沉积了一层均匀分布的 Ag 纳米微粒，由此产生的表面等离子增强光散射作用使太阳电池的短路电流和外量子效率得以显著增强。图 10.9(a)~(d) 分别给出了该太阳电池的剖面结构、Ag 纳米微粒的 SEM 照片、J-V 特性和外量子效率。由图 10.9(c) 可以看到，在 AM1.5 光照条件下，太阳电池的短路电流密度从 0.223mA/cm^2 增加到了 0.237mA/cm^2，开路电压从 0.727V 增加到了 0.730V。由图 10.9(d) 可以看到，在 200~450nm 波长范围，外量子效率有 6%的增加。

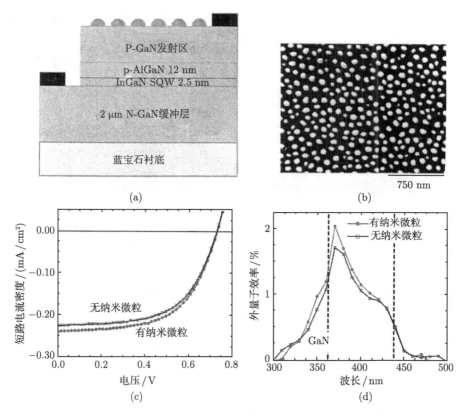

图 10.9 GaN/InGaN/GaN 量子阱太阳电池的结构与光伏特性

10.5.3 有机薄膜表面等离子增强太阳电池

2007 年，美国麻省理工学院的 Singh 等研究了表面等离子极化激元对 C_{60}/CuPC(酞花青) 双异质结太阳电池光伏性能的影响[28,29]。结果指出，在 550nm 波长的光吸收系数为 $10^4 cm^{-1}$，外量子效率可达 12%，光电流有 200% 的增加。2008 年，Reilly 等[30] 采用随机的 Ag 纳米孔薄膜所导致的表面等离子增强光转换效应，有效改善了 P3HT:PCBM 太阳电池的光伏特性。当 Ag 纳米孔直径为 92nm 时，太阳电池的光伏参数为 J_{sc}=3.47mA/cm²、V_{oc}=0.581V、FF=0.588 和 η=1.18%；而当 Ag 纳米孔直径增加到 350nm 时，其光伏参数为 J_{sc}=3.88mA/cm²、V_{oc}=0.581V、FF=0.539 和 η=1.22%。与此同时，Morfa 等[31] 也实验研究了 Ag 纳米微粒的等离子增强光吸收对 P3HT:PCBM/PEDOT:PSS 异质结有机光伏器件的影响。结果证实，J_{sc} 从 4.6mA/cm² 增加到了 6.9mA/cm²，V_{oc} 从 0.566V 增加到了 0.590V，因此使电池效率从 1.3% 增加到了 2.2%。Lindquist 等[32] 研究了 Ag 等离子纳米微腔阵列的增强光吸收特性，发现它使 CuPC 有机光伏器件的转换效率增加了 3.2 倍。图 10.10

给出了图形化的 Ag 阳极的 SEM 照片和太阳电池的光伏参数与光照强度的关系。

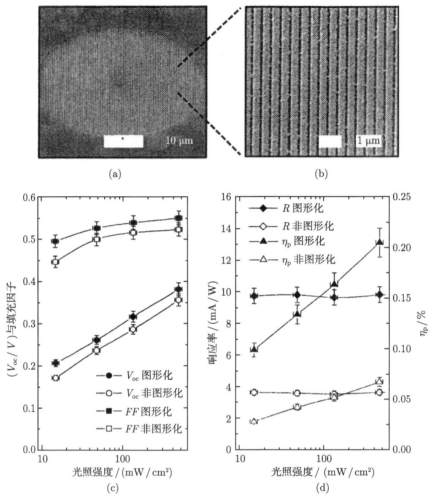

图 10.10　图形化 Ag 光阳极的 SEM 照片 (a) 与 (b) 和太阳电池的光伏参数与光照强度的关系 (c) 与 (d)

10.6　光子晶体太阳电池

光子晶体是由具有一定折射率的两种介电材料交替周期生长形成的光子带隙结构。利用一维织构的光子晶体制成布拉格反射器，并以此作为表面陷光结构，也可以像表面等离子增强光散射与光俘获一样，有效提高太阳电池的转换效率，二者有异曲同工之处。目前，这种光子晶体陷光结构已在各种 Si 基太阳电池中获得了成功应用。

2006 年, Zeng 等[33] 利用周期格栅和由 Si$_3$N$_4$/Si(或 SiO$_2$/Si) 制成的一维光子晶体共同作为表面陷光结构, 制作了体单晶 Si 太阳电池, 使其光伏性能得到进一步改善。当 Si$_3$N$_4$/Si 光子晶体与周期格栅形成表面陷光结构时, 太阳电池的短路电流密度 J_{sc} 从 23.3mA/cm^2 提高到了 27.5mA/cm^2, AM1.5 转换效率从 11.1%增加到了 13.2%。2008 年, 该小组又在 5μm 厚的 Si 表面上采用 SiO$_2$/Si 光子晶体和周期格栅作为表面陷光结构, 使该单晶薄膜太阳电池获得了 17.45mA/cm^2 的短路电流密度和 8.82%的转换效率[34]。

2007 年, Haase 等[35] 研究了周期纳米结构表面对 μc-Si:H 薄膜太阳电池光伏性能的影响。结果指出, 当该陷光结构的周期为 850nm、高度为 400nm 时, 该太阳电池在 650~1100nm 波长范围的短路电流密度为 16.6mA/cm^2。2009 年, Curtin 等[36] 以织构的 Ag/ZnO 光子晶体作为背反射层制作了 a-Si:H 薄膜太阳电池, 其 J_{sc}=12.96mA/cm^2, 与不采用表面结构的太阳电池相比, 在 740nm 和 800nm 波长的 J_{sc} 分别增加了 3.5 倍和 6 倍。Krc 等[37] 采用一维调制的 a-Si:H/a-SiN:H 光子晶体作为 μc-Si:H 薄膜太阳电池的背反射层, 有效改善了太阳电池的光伏特性。图 10.11(a) 和 (b) 分别给出了具有常规光子晶体和调制光子晶体结构 μc-Si:H 薄膜太阳电池外量子效率与光照波长关系的理论模拟结果。由图可以看出, 在 500~700nm 波长范围内, 两种太阳电池均具有较高的外量子效率; 而当波长大于 700nm 后, 其外量子效率将迅速减小。此外, 由图 10.11(a) 还可以看出, 以具有布拉格反射层 (BR)、Ⅱ 型光子晶体 (PC-Ⅱ) 和 Ⅰ 型光子晶体 (PC-Ⅰ) 作为衬底背反射的 μc-Si:H 薄膜太阳电池, 其 J_{sc} 分别为 17.46mA/cm^2、16.18mA/cm^2 和 16.21mA/cm^2。由图 10.11(b) 则可以看出, 以调制光子晶体作为背反射层的太阳电池, 获得了 17.05mA/cm^2 的短路电流密度, 而无布拉格反射太阳电池的 J_{sc} 仅有 15.07mA/cm^2。

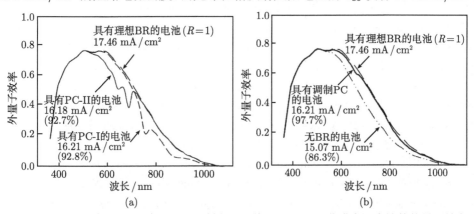

图 10.11 具有常规光子晶体 (a) 和调制光子晶体 (b)μc-Si:H 薄膜太阳电池的外量子效率与波长的关系

　　2010 年，Zhu 等[38] 在 280nm 厚的 a-Si:H 薄膜表面上制备了纳米圆球状表面结构，以此制作的太阳电池在 400~800nm 波长的光吸收率高达 94%，比具有平滑表面的太阳电池提高了 65%。在 AM1.5 光照下的 J_{sc}=17.5mA/cm^2，转换效率达到了 5.9%，此值比平滑表面太阳电池高 25%。这种良好的光伏特性起因于圆球状表面结构具有低的表面反射率和高的光吸收率。最近，SuezakT 等[39] 利用 Si 反蛋白石结构制作了 Si 光子晶体太阳电池，发现在 400~800nm 波长范围的外量子效率大幅度提高，此起因于反蛋白石结构所具有的慢光子效应有效增强了太阳电池中光电子产生。

参 考 文 献

[1]　周治平. 硅基光电子学. 北京: 北京大学出版社, 2012

[2]　Atwater H A, Polman A. Nature materials, 2010, 9:205

[3]　Stuart H R, Hall D G. Appl. Phys. Lett., 1996, 69:2327

[4]　Catchpole K R, Polman A. Appl. Phys. Lett., 2008, 93:191113

[5]　Rand B P, Peuman P, Forrest S R. J. Appl. Phys., 2004, 96:7519

[6]　Morfa A J, Rowlen K L, Reilly T H. Appl. Phys. Lett., 2008, 92:013504

[7]　Konda R B. Appl. Phys. Lett., 2007, 91:191111

[8]　Dionne J A, Sweatlock L, Atwater H A. Phys. Rev., 2006, B73:235407

[9]　Green M A, Zhao J, Wang A, et al. IEEE Trans. Electron Devices, 1999, 46:1940

[10]　Verschuuren M A, Sprang H A. Mater. Res. Soc. Symp. Proc., 2007, 1002:1002-N03-05

[11]　Beck E J, Polman A, Catchpole K R. J. Appl. Phys., 2009, 105:114310

[12]　Fahr S, Rockstuhl C, Lederer F. Appl. Phys. Lett., 2009, 95:121105

[13]　Pacifici D, Lezec H, Atwater H A. Nature Photonics, 2007, 1:402

[14]　O'Carroll D, Hofmann C E, Atwater H A. Adv. Mater. Doi:10.1002/adma. 200902024

[15]　Kroekenstoel E J A, Verhagen E, Walters R J, et al. Appl. Phys. Lett., 2009, 95:263106

[16]　Pillai S, Catchpole K R, Trupke T, et al. J. Appl. Phys., 2007, 101:093105

[17]　Beck F J, Polman A, Catchpole K R. J. Appl. Phys., 2009, 105:114310

[18]　Pillai S, Beck F J, Catchpole K R, et al. J. Appl. Phys., 2011, 109:073105

[19]　Lim S H, Mar W, Matheu P, et al. J. Appl. Phys., 2007, 101:104309

[20]　Matheu P, Lim S H, Derkacs D, et al. Appl. Phys. Lett., 2008, 93:113108

[21]　Kirkengen M, Bergli J. J. Appl. Phys., 2007, 102:093713

[22]　Haug F J, Söderström T, Cubero O, et al. J. Appl. Phys., 2008, 104:064509

[23]　Ferry V E, Verschuuren M A, Li H B T, et al. Appl. Phys. Lett., 2009, 95:183503

[24]　Derkacs D, Chen W V, Matheu P M, et al. Appl. Phys. Lett., 2008, 93:091107

[25]　Nakayama K, Tanabe K, Atwater H A. Appl. Phys. Lett., 2008, 93:121904

[26]　Mcpheeters C O, Hill C J, Lim S H, et al. J. Appl. Phys., 2009, 106:056101

[27] Pryce I M, Koleske D D, Fischer A J, et al. Appl. Phys. Lett., 2010, 96:153501

[28] Mapel J k, Singh M, Baldo M A. Appl. Phys. Lett., 2007, 90:121102

[29] Heidel T D, Mapel J K, Singh M. Appl. Phys. Lett., 2007, 91:093506

[30] Reilly T H, Lagemaat J V D, Tenent R C, et al. Appl. Phys. Lett., 2008, 92:243304

[31] Morfa A J, Rowlen K L. Appl. Phys. Lett., 2008, 92:013504

[32] Lindquist N C, Luhman W A, Oh S H, et al. Appl. Phys. Lett., 2008, 93:123308

[33] Zeng L, Yi Y, Hong C, et al. Appl. Phys. Lett., 2006, 80:111111

[34] Zeng L, Bermel P, Yi Y, et al. Appl. Phys. Lett., 2008, 93:221105

[35] Haase C, Stiebing H. Appl. Phys. Lett., 2007, 91:061116

[36] Curtin B, Biswas R, Dalal V. Appl. Phys. Lett., 2009, 95:231102

[37] Krc J, Zeman M, Luxembourg S L, et al. Appl. Phys. Lett., 2009, 94:153501

[38] Zhu J, Hsu C M, Yu Z, et al. Nano Lett., 2010, 10:1979

[39] Suezaki T, Yano H, Hatayama T, et al. Appl. Phys. Lett., 2011, 98:072106

中英文专业词汇对照与索引